国内外热轧型钢产品规范手册

张宇春　王丽敏　苏世怀　冯　超　孙　维　等编著

北京
冶金工业出版社
2012

内 容 简 介

本书收录了美国、欧洲、日本、中国以及国际标准化组织（ISO）等世界上主要国家和组织热轧H型钢、工字钢、角钢和槽钢的标准规范，并对这些型钢品种进行了简单介绍，同时根据品种分别按照钢牌号、力学性能和尺寸规格进行了分类汇编，使各种型钢的要求一目了然。

本书适合从事钢材贸易、冶金、机械、建筑等行业的工程技术人员使用。

图书在版编目(CIP)数据

国内外热轧型钢产品规范手册/张宇春等编著．—北京：冶金工业出版社，2012.8

ISBN 978-7-5024-6000-6

Ⅰ.①国…　Ⅱ.①张…　Ⅲ.①热轧—型钢—技术手册　Ⅳ.①TG335.4-62

中国版本图书馆CIP数据核字(2012)第163199号

出 版 人　曹胜利
地　　址　北京北河沿大街嵩祝院北巷39号，邮编100009
电　　话　(010)64027926　电子信箱　yjcbs@cnmip.com.cn
责任编辑　程志宏　美术编辑　彭子赫　版式设计　葛新霞
责任校对　王贺兰　责任印制　牛晓波
ISBN 978-7-5024-6000-6
三河市双峰印刷装订有限公司印刷；冶金工业出版社出版发行；各地新华书店经销
2012年8月第1版，2012年8月第1次印刷
787mm×1092mm　1/16；10.5印张；248千字；156页
60.00元

冶金工业出版社投稿电话：(010)64027932　投稿信箱：tougao@cnmip.com.cn
冶金工业出版社发行部　电话：(010)64044283　传真：(010)64027893
冶金书店　地址：北京东四西大街46号(100010)　电话：(010)65289081(兼传真)

《国内外热轧型钢产品规范手册》
编委会

前　　言

为了适应国内外市场发展需求，我们依据最新版的国内外标准，将美国、日本、欧洲、国际标准和我国标准中规定的H型钢、工字钢、角钢与槽钢牌号系列、尺寸规格以及允许偏差系列汇编成册，以飨读者。

本书共分四章。分别介绍了国内外热轧型钢材料系列、国内外热轧型钢的尺寸、规格以及国内外热轧型钢的尺寸允许偏差，并详细列出了各部分的数据。

本书可为生产企业开发钢材新品种提供参考，也是工程设计人员进行设计、计算与选型的指导书。

本书由冶金工业信息标准研究院与马鞍山钢铁公司共同编写。由于我们经验有限，不足之处，欢迎广大读者提出宝贵意见，以便再版时改进。

编著者

2012年5月

目　录

第 1 章　热轧型钢产品概述

1.1　型钢的产品分类及用途

1.1.1　型钢分类

A　按加工方法分类

型钢按加工方法分类可以主要分为热轧型钢、冷弯型钢、挤压型钢以及冷轧冷拔型钢。

B　按产品材料分类

型钢产品使用的领域非常广泛，因此涉及的材料种类也较多，但主要产品按其材料可以分为普通碳素钢（GB/T 700）、优质碳素钢（GB/T 699）、低合金钢（GB/T 1591）和合金钢（GB/T 3077）等。

C　按断面特点分类

型钢按照断面特点分类主要分为简单断面型钢和复杂断面型钢。简单断面型钢主要包括圆钢、方钢、扁钢、六角型钢、八角型钢、螺纹钢、中空钢等。复杂断面型钢范围则更加广泛，主要有角钢（等边或不等边）、L 型钢、槽钢、H 型钢、工字钢、T 型钢、H 型钢桩、球扁钢、轻轨、重轨、鱼尾板、汽车轮辋、汽车挡圈、履带板、U 型钢、Π 型钢等等，此外还包括各种专用机械用异型钢。

D　按断面尺寸规格分类

按断面尺寸规格型钢主要分为大型型钢、中型型钢、小型型钢。根据 GB/T 15574—1995 的规定：高度不小于 80mm 的型钢称为大型型钢，高度小于 80mm 的称为中型或小型型钢。

1.1.2　热轧型钢典型产品

A　H 型钢

H 型钢是钢结构工程最常用的型材之一。与工字钢相比，其截面积的分配更合理、承载性能更优化，其翼缘宽，侧向刚度大，热轧宽翼缘 H 型钢截面的高宽比可达到 1 甚至略小于 1，其绕弱轴（侧向）的刚度显著增加，可以更合理地用作受压构件。同时其抗弯能力强，由于截面面积分配更加合理，在相同截面积（或重量）条件下，H型钢截面绕强轴的抗弯性能亦优于工字钢。

B 工字钢

工字钢也是一种有重要用途的型钢产品，主要应用在机械、厂房、桥梁、土木工程等结构件。工字钢分为窄缘斜腿（简称普通型）和轻型工字钢。普通型工字钢主要承受高度方向的载荷，作为弯梁使用。由于轧制条件限制，*B/H* 一般为 0.33 左右。但腰部尺寸厚，金属分布不太合理。轻型工字钢与普通型工字钢相比，腿斜度较小，腰薄，腿略长，增大了 *B/H* 的比值，与普通型相比节约金属约 15%。

C 角钢

角钢主要应用在铁塔、桥梁、车辆、支架、框架等结构件。主要分为等边角钢和不等边角钢。不等边角钢包括等厚和不等厚角钢（一般称为L型钢，多用于造船和海洋工程结构等）。角钢一般采用孔型生产或万能轧机生产。孔型设计大多根据实际经验进行设计，轧制过程再凭借经验调整，因此精度波动较大。加之金属流动不均匀，加剧了控制精度的难度。

D 槽钢

槽钢主要用于建筑结构、车辆制造和其他工业结构，槽钢还常常和工字钢配合使用。与工字钢具有类似的特点。

1.2 国内外典型热轧型钢尺寸规格及型钢材料性能

1.2.1 美国标准

美国的典型热轧型钢产品主要包括“W”型钢、“HP”型钢、“S”型钢、“M”型钢、“C”型钢和“MC”型钢、“L”型钢。这其中，“W”型钢和“M”型钢即H型钢；“HP”型钢即H型钢桩；“S”型钢即工字钢；“C”型钢和“MC”型钢即槽钢；“L”型钢即角钢和不等边角钢。美国型钢的尺寸规格主要技术指标执行 ASTM A6 标准，其材料主要执行 A36/A36M、A242/A242M、A529/A529M、A871/A871M 等标准。

1.2.2 日本标准

日本的典型型钢产品主要包括H型钢、槽钢、工字钢、角钢、L型钢、球扁钢。其尺寸规格主要技术指标执行 JIS G3192—2005 标准，该标准是在 ISO 657 系列标准的基础上起草的。其材料性能要求主要执行《普通结构用轧制钢材》(JIS G3101—2004)、《焊接结构用轧制钢材》(JIS G3106—2004) 等。

1.2.3 欧洲标准

欧洲标准包括欧洲通用标准以及 BS、DIN 等的国家标准。其典型产品包括H型钢、槽钢、工字钢、角钢等。其尺寸规格主要执行 EU 53-62、BS 4-1、DIN 1025-2 等，材料性能主要执行《热轧非合金结构钢》(EN 10025-2：2004)、《热机械轧制可焊细晶结构钢》(EN 10025-4：2004) 等。

1.2.4　我国国家标准

我国典型型钢产品主要包括 H 型钢、槽钢、工字钢、角钢、L 型钢等。其尺寸规格主要执行 GB/T 706、GB/T 11263 等标准，其材料性能主要执行 GB/T 699、GB/T 700、GB/T 1591 等标准。

第2章 国内外热轧型钢常用材料

2.1 美国热轧型钢常用材料性能

美国热轧型钢常用材料包括低合金高强度钒铌结构钢（ASTM A572/A572M-06）、桥

表 2-1-1

钢板和钢棒的直径、厚度或两个平行面之间的距离/in(mm)	结构用型钢翼缘和腿的厚度/in(mm)	钢级	碳（不大于）/%	锰[2]（不大于）/%
6(150)	所有	42(290)	0.21	1.35[4]
4(100)[5]	所有	50(345)	0.23	1.35[4]
2(50)[6]	所有	55(380)	0.25	1.35[4]
$1\frac{1}{4}$ (32)[6]	≤2(50)	60(415)	0.26	1.35[4]
>$\frac{1}{2}$~$1\frac{1}{4}$ (13~32)	>1~2 (25~50)	65(450)	0.23	1.65
≤$\frac{1}{2}$(13)[8]	≤1[8]	65(450)	0.26	1.35

① 如规定铜含量，熔炼分析最低值为0.20%（成品分析为0.18%）。

② 对厚度大于$\frac{3}{8}$in(10mm)的钢板，锰的熔炼分析的最小值应为0.80%（成品分析为0.75%）；对为0.45%）。此外，Mn：C不能低于2：1。

③ 直径、厚度、两平行面之间距离大于$\frac{1}{2}$in(40mm)的钢棒应为镇静钢。

④ 碳含量小于规定的最大值每减少0.01%，则锰含量可相应增加0.06%，锰含量最大值为1.60%。

⑤ 允许圆棒的直径不大于11in(275mm)。

⑥ 允许圆棒的直径不大于$3\frac{1}{2}$in(90mm)。

⑦ 本标准没有规定尺寸和等级。

⑧ 允许以w(C)不大于0.21%，w(Mn)不大于1.65%替换表2-1-2中的元素配比。

梁用结构钢（ASTM A709/A709M-05）、低合金高强度型钢（ASTM A913/A913M-04）以及结构型钢（ASTM A992/A992M-04）等。

2.1.1 低合金高强度钒铌结构钢

美国的低合金高强度钒铌结构钢（ASTM A572/A572M-06）的材料性能要求如表2-1-1～表2-1-4所示。

化学成分①

磷（不大于）/%	硫（不大于）/%	硅/%	
		钢板厚度（不大于）$1\frac{1}{2}$in(40mm)；型钢翼缘或腿厚度(不大于)3in(75mm)；板桩、钢棒、乙字钢和轧制T型钢③	钢板厚度大于$1\frac{1}{2}$(40mm)；型钢翼缘或腿厚度大于3in(75mm)
0.04	0.05	0.40	0.15～0.40
0.04	0.05	0.40	0.15～0.40
0.04	0.05	0.40	0.15～0.40
0.04	0.05	0.40	⑦
0.04	0.05	0.40	⑦
0.04	0.05	0.40	⑦

厚度不大于$\frac{3}{8}$in（10mm）的钢板和其他所有品种的钢材，锰的熔炼分析的最小值应为0.50%（成品分析

表 2-1-2　合金含量

类①	元　素	熔炼分析/%	类①	元　素	熔炼分析/%
1	铌②	0.005～0.05③	3	铌+钒	0.02～0.15④
2	钒	0.01～0.15		钛	0.006～0.04
3	铌②	0.005～0.05③	5	氮	0.003～0.015
	钒	0.01～0.15		钒	≤0.06

① 合金含量应按照1、2、3、5类，应用的元素含量应在试验报告中报告。

② 除非按镇静钢供货，铌应限制到表2-1-3的厚度和规格。镇静钢应在试验报告中声明，或在报告中标明存在足量的脱氧元素，如硅不小于0.10%，铝不小于0.015%。

③ 产品分析范围：0.004%～0.06%。

④ 产品分析范围：0.01%～0.16%。

表 2-1-3　最大厚度和规格

钢　级	厚板、钢棒、钢板桩、乙字钢和轧制T型钢的最大厚度/in(mm)	结构钢型钢翼缘和腿的最大厚度/in(mm)
42，50和55 (290，345和380)	$\frac{3}{4}$ (20)	$1\frac{1}{2}$ (40)
60和65 (415和450)	$\frac{1}{2}$ (13)	1 (25)

表 2-1-4　力学性能

钢　级	屈服点（最小）		抗拉强度（最小）		最小伸长率②,③,④/%	
	ksi	MPa	ksi	MPa	标距8in(200mm)	标距2in(50mm)
42(290)①	42	290	60	415	20	24
50(345)①	50	345	65	450	18	21
55(380)	55	380	70	485	17	20
60(415)①	60	415	75	520	16	18
65(450)	65	450	80	550	15	17

① 见A6/A6M标准拉伸试验的取样方向。

② 波纹板不要求测定伸长率。

③ 对于426lb/ft(634kg/m)的宽翼缘型钢，对标距长度2in(50mm)伸长率为19%。

④ 对宽度超过24in(600mm)的钢板，42(290)级，50(345)级和55(380)级的伸长率减少2个百分点，60(415)级和65(450)级的伸长率减少3个百分点。见A6/A6M标准拉伸试验部分的伸长率修正要求。

2.1.2 桥梁用结构钢

美国桥梁用结构钢（ASTM A709/A709M-05）的材料性能要求如表 2-1-5 ~ 表 2-1-14 所示。

表 2-1-5 36(250)钢级的化学成分要求（熔炼分析）

产品厚度 /in(mm)	型钢[①] 全部	钢板[②]				钢 棒		
		$\leqslant\frac{3}{4}$ (20)	$>\frac{3}{4}\sim1\frac{1}{2}$ (20~40)	$>1\frac{1}{2}\sim2\frac{1}{2}$ (40~65)	$>2\frac{1}{2}\sim4$ (65~108)	$\leqslant\frac{3}{4}$ (20)	$>\frac{3}{4}\sim1\frac{1}{2}$ (20~40)	$>1\frac{1}{2}\sim4$ (40~100)
碳(最大)/%	0.26	0.25	0.25	0.26	0.27	0.26	0.27	0.28
锰(最大)/%	—	—	0.80~1.20	0.80~1.20	0.85~1.20	—	0.60~0.90	0.60~0.90
磷(最大)/%	0.04	0.04	0.04	0.04	0.04	0.04	0.04	0.04
硫(最大)/%	0.05	0.05	0.05	0.05	0.05	0.05	0.05	0.05
硅/%	0.40（最大）	0.40（最大）	0.40（最大）	0.15~0.40	0.015~0.40	0.40（最大）	0.40（最大）	0.40（最大）
铜(规定生产含铜钢时,最小)/%	0.20	0.20	0.20	0.20	0.20	0.20	0.20	0.20

注：表中“—”表示无此规定。熔炼分析中锰元素的分析和报告按照 A6/A6M 中关于熔炼分析的规定。

① 对于翼缘厚度 >3in(75mm)的型钢，要求锰含量为 0.85% ~1.35%，硅含量为 0.15% ~0.40%。

② 在规定的最大碳含量以内每减少 0.01%，锰含量在最大值基础上可增加 0.06%，允许最大到 1.35%。

表 2-1-6 50(345)钢级化学成分要求[①]（熔炼分析）

最大直径厚度或平行面之间间距 /in(mm)	碳(最大) /%	锰[②](最大) /%	磷(最大) /%	硫(最大) /%	硅[③]/%		铌、钒和氮
					钢板厚不大于 $1\frac{1}{2}$in(40mm)、翼缘或腿厚度不大于 3in(75mm)的钢板桩、Z字钢和轧制 T 型钢(最大)[④]	钢板厚大于 $1\frac{1}{2}$in(40mm)、翼缘厚度大于 3in（75mm）的型钢	
4(100)	0.23	1.35	0.04	0.05	0.40	0.15~0.40	⑤

① 当有规定时，熔炼分析时铜的最小含量为 0.20%（成品分析时为 0.18%）。

② 对所有厚度大于$\frac{3}{8}$in(10mm)的钢板，熔炼分析时最小锰含量应为 0.80%（成品分析应为 0.75%）；对厚度不大于$\frac{3}{8}$in(10mm)的钢板和所有其他产品，熔炼分析时的最小锰含量应为 0.50%（成品分析应为 0.45%）；锰与碳之比不应小于 2∶1。碳减少 0.01%，锰含量相应增加 0.06%，最大允许含量为 1.50%。

③ 熔炼分析时硅含量如超过 0.40%，需进行协商。

④ 直径、厚度或边长大于$\frac{1}{2}$in（40mm）的棒材用钢应按镇静钢工艺进行冶炼。

⑤ 合金的含量应符合表 2-1-7 中类型 1、2、3 或 5 之一的相应元素含量应报告。

表2-1-7 1、2、3、5类型合金

类 型	元 素	熔炼分析/%
1	铌①	0.005~0.05②
2	钒	0.01~0.15
3	铌①	0.005~0.05②
	钒	0.01~0.15
	铌+钒	0.02~0.15③
5	钛	0.006~0.04
	氮	0.003~0.015
	钒	0.06（最大）

① 除非按镇静钢供货，铌只限于最大厚度为$\frac{3}{4}$in(20mm)的50(345)级钢板、棒材、Z型钢和翼缘或腿厚度不大于1$\frac{1}{2}$in的型钢。镇静钢应通过镇静钢试验报告的陈述确认，或报告钢种存在足够数量的强脱氧元素，如硅不小于0.10%，或铝不小于0.015%。

② 产品分析范围：0.004%~0.06%。

③ 产品分析范围：0.01%~0.16%。

表2-1-8 50W(345W)钢级化学成分要求（熔炼分析）

元 素	含量①/%		
	A类	B类	C类
碳②	0.19(最大)	0.20(最大)	0.15(最大)
锰②	0.80~1.25	0.75~1.35	0.80~1.35
磷	0.04(最大)	0.04(最大)	0.04(最大)
硫	0.05(最大)	0.05(最大)	0.05(最大)
硅	0.30~0.65	0.15~0.50	0.15~0.40
镍	0.40(最大)	0.50(最大)	0.25~0.50
铬	0.40~0.65	0.40~0.70	0.30~0.50
铜	0.25~0.40	0.20~0.40	0.20~0.50
钒	0.02~0.10	0.01~0.10	0.01~0.10

注：A类、B类和C类分别相当于A588/A588M标准的A级、B级和C级。

① 这些类型钢的可焊接性数据经FHWA用于桥梁建设中得到证明。

② 碳减少0.01%，锰含量相应增加0.06%，最大允许含量为1.50%。

表 2-1-9 100(690)和 100W(690W)钢级化学成分要求（熔炼分析）（%）

类型	A类	B类	C类	E类①	F类①	H类	J类	M类	P类①	Q类①
最大厚度/in(mm)	$1\frac{1}{4}$(32)	$1\frac{1}{4}$(32)	$1\frac{1}{4}$(32)	4(100)	$2\frac{1}{2}$(65)	2(50)	$1\frac{1}{4}$(32)	2(50)	4(100)	4(100)
碳	0.15～0.21	0.12～0.21	0.10～0.20	0.12～0.20	0.10～0.20	0.12～0.21	0.12～0.21	0.12～0.21	0.12～0.21	0.14～0.21
锰	0.80～1.10	0.70～1.00	1.10～1.50	0.40～0.70	0.60～1.00	0.95～1.30	0.45～0.70	0.45～0.70	0.45～0.70	0.95～1.30
磷(最大)	0.035	0.035	0.035	0.035	0.035	0.035	0.035	0.035	0.035	0.035
硫(最大)	0.035	0.035	0.035	0.035	0.035	0.035	0.035	0.035	0.035	0.035
硅	0.40～0.80	0.20～0.35	0.15～0.30	0.20～0.40	0.15～0.35	0.20～0.35	0.20～0.35	0.20～0.35	0.20～0.35	0.15～0.35
镍	—	—	—	—	0.70～1.00	0.30～0.70	—	1.20～1.50	1.20～1.50	1.20～1.50
铬	0.50～0.80	0.40～0.65	—	1.40～2.00	0.40～0.65	0.40～0.65	—	—	0.85～1.20	1.00～1.50
钼	0.18～0.28	0.15～0.25	0.15～0.30	0.40～0.60	0.40～0.60	0.20～0.30	0.50～0.65	0.45～0.60	0.45～0.60	0.40～0.60
钒	—	0.03～0.08	—	②	0.03～0.08	0.03～0.08	—	—	—	0.03～0.08
钛	—	0.01～0.03	—	0.01～0.1	—	—	—	—	—	—
锆	0.05～0.15③	—	—	—	—	—	—	—	—	—
铜	—	—	—	—	0.15～0.50	—	—	—	—	—
硼	0.0025(最大)	0.0005～0.005	0.001～0.005	0.001～0.005	0.0005～0.006	0.0005～0.005	0.001～0.005	0.001～0.005	0.001～0.005	—

注：1. 表中“—”表示无此规定。

2. A类、B类、C类、E类、F类、H类、J类、M类、P类和Q类分别相当于A514/A514M标准的A级、B级、C级、E级、F级、H级、J级、M级、P级和Q级。

① E类、F类、P类和Q类能满足ASTM A709/A709M中11.1.2的耐大气腐蚀性能要求。

② 在1∶1的基础上可部分或全部代替钛含量。

③ 可用铈代替锆。添加铈时，铈与硫之比应约为1.5∶1（熔炼分析）。

表 2-1-10　**HPS70W**(HPS485)钢级化学成分要求（熔炼分析）

元　素	含量/%	
	HPS 50W(HPS 345W) HPS 70W(HPS 485W)	HPS 100W(HPS 690W)
碳（最大）	0.11	0.08
锰	1.10～1.35[①]	0.95～1.50
磷（最大）	0.020	0.015
硫[②]（最大）	0.006	0.006
硅	0.30～0.50	0.15～0.35
铜	0.25～0.40	0.90～1.20
镍	0.25～0.40	0.65～0.90
铬	0.45～0.70	0.40～0.65
钼	0.02～0.08	0.40～0.65
钒	0.04～0.08	0.04～0.08
铌	—	0.01～0.03
铝	0.010～0.040	0.020～0.050
氮（最大）	0.015	0.015

① 对厚度超过2.5in(65mm)的HPS 70W(HPS 485W)钢板，Mn含量可以最大增加到1.50%。

② 为控制硫化物形态，钢应进行钙化处理。

表 2-1-11　**50S**(345S)钢级化学成分要求（熔炼分析）

元　素	成分/%	元　素	成分/%
C(最大)	0.23	S(最大)	0.045
Mn	0.50～1.50[①]	Cu(最大)	0.60
Si(最大)	0.40	Ni(最大)	0.45
V(最大)	0.11[②]	Cr(最大)	0.35
Nb(最大)	0.05[②]	Mo(最大)	0.15
P(最大)	0.035		

① 如果锰硫比不小于20∶1，对第1组型钢的Mn含量最小极限应为0.30%。

② $w(Nb)+w(V)$应不超过0.15%。

表 2-1-12 抗拉性能和硬度要求①

钢级	钢板厚度 /in(mm)	结构型钢翼缘或腿厚度 /in(mm)	屈服点强度②(最小) /ksi (MPa)	抗拉强度(最小) /ksi (MPa)	最小伸长率/%				断面收缩率③,④(最小) /%	布氏硬度值
					钢板和钢棒③,⑤		型钢⑤			
					8in (200mm)	2in (50mm)	8in (200mm)	2in (50mm)		
36(250)	≤4(100)	≤3 (75)	36(250)	58~80 (400~500)	20	23	20	21⑥	—	—
		>3 (75)	36(250)	58(400)	—	—	20	19	—	—
50(345)	≤4(100)	全部	50(345)	65(450)	18	21	18	21⑥	—	—
50S(345S)	≤4(100)	全部	50~65 (345~450)⑧	65(450)⑧	—	—	18	21	—	—
50W(345W)和HPS50W(345W)	≤4(100)	全部	50(345)	70(485)	18	21	18	21⑨	—	—
HPS70W (HPS485W)	≤4(100)	⑦	70(485)	85~110 (585~760)	—	19⑩	—	—	—	—
100(690)和100W(690W)	$\leqslant 2\frac{1}{2}$ (65)	⑦	100(620)	110~130 (760~895)	—	18⑩	—	—	⑪	235~293⑫
100(690)和100W(690W)	$>2\frac{1}{2}\sim 4$ (65~100)	⑦	90(620)	100~130 (690~895)	—	16⑩	—	—	⑪	—

注：表中有“—”表示无此规定。

① 见 A6/A6M 中拉伸试验关于取样及试样制备的有关条款。

② 用 A370 实验方法第 13 条所述的 0.2% 非比例延伸或负荷下 0.5% 总延伸测出。

③ 对于花纹板伸长率和断面收缩率不作要求。

④ 对于宽度大于 24in(600mm)的钢板，断面收缩率减少 5%。

⑤ 对于宽度大于 24in(600mm)的钢板，延伸率减少 2%。见 A6/A6M 中有关拉伸试验条款的要求。

⑥ 对于厚度大于 3in(75mm)的型钢，2in（50mm）标距下的伸长率为 19%。

⑦ 不适用。

⑧ 强屈比应为 0.85 或更小。

⑨ 对厚度大于 3in(75mm)的宽缘型钢，2in（50mm）标距下最小伸长率为 18%。

⑩ 当按照 A370 试验方法图 3 的宽 $1\frac{1}{2}$in(40mm)试样测量时，伸长率是在 2in（50mm）标距上测出的，它包括了断裂部分，并且显现出了最大的伸长率。

⑪ 当按照 A370 试验方法图 3 的宽 $1\frac{1}{2}$in(40mm)试样测量时，断面收缩率最小为 40%。当按照 A370 试验方法图 4 的宽 $1\frac{1}{2}$in(12.5mm)试样测量时，断面收缩率最小为 50%。

⑫ 仅适用于厚度不超过 $\frac{3}{8}$in(10mm)并且不进行拉伸试验的 100(690)和 100W(690W)钢级的钢板。

表 2-1-13　非临界断裂抗拉部件冲击试验要求

钢　级	厚度/in(mm),连接方法	最小平均冲击功/ft·lbf(J)		
		1 区	2 区	3 区
36T(250T)①	≤4(100),机械固定或焊接	15(20)在 70℉(21℃)	15(20)在 40℉(4℃)	15(20)在 10℉(-12℃)
50T(345T)①,②, 50ST(345ST)①, 50WT(345WT)①,②	≤2(50),机械固定或焊接	15(20) 在 70℉(21℃)	15(20) 在 40℉(4℃)	15(20) 在 10℉(-12℃)
	>2(50)~4(100), 机械固定	15(20)在 70℉(21℃)	15(20)在 40℉(4℃)	15(20)在 10℉(-12℃)
	>2(50)~4(100),焊接	20(27)在 70℉(21℃)	20(27)在 40℉(4℃)	20(27)在 10℉(-12℃)
HPS50WT (HPS345WT)①,②	≤4(100), 机械固定或焊接	20(27)在 10℉(-12℃)	20(27)在 10℉(-12℃)	20(27)在 10℉(-12℃)
HPS70WT (HPS485WT)③,④	≤4(100), 机械固定或焊接	25(34)在 -10℉(-23℃)	25(34)在 -10℉(-23℃)	25(34)在 -10℉(-23℃)
100T(690T)③, 100WT(690WT)③	≤$2\frac{1}{2}$(65), 机械固定或焊接	25(34)在 30℉(-1℃)	25(34)在 0℉(-18℃)	25(34)在 -30℉(-34℃)
	>$2\frac{1}{2}$(65)~4(100), 机械固定	25(34)在 30℉(1℃)	25(34)在 0℉(-18℃)	25(34)在 -30℉(-34℃)
	>$2\frac{1}{2}$(65)~4(100), 焊接	35(48)在 30℉(1℃)	35(48)在 0℉(-18℃)	35(48)在 -30℉(-34℃)
HPS100WT (HPS690WT)③	≤$2\frac{1}{2}$(65), 机械固定或焊接	25(34)在 -30℉(-34℃)	25(34)在 -30℉(-34℃)	25(34)在 -30℉(-34℃)

① 夏比 V 形缺口冲击试验应按 A673/673M 标准规定的“H”频率进行。

② 如果材料屈服点超过 65ksi(450MPa)，则在 65ksi(450MPa)之上每增加 10ksi(70MPa)，对于所要求的最低平均冲击功，试验温度应下降 15℉(8℃)。合格的“制造厂试验报告”中给出的值就是屈服点。

③ 夏比 V 形缺口冲击试验应按 A673/673M 标准规定的“P”频率进行。

④ 如果材料的屈服强度超过 85ksi(585MPa)，则在 85ksi(585MPa)之上每增加 10ksi(70MPa)所要求的最低平均冲击功，试验温度应下降 15℉(8℃)。合格的“制造厂试验报告”中给出的值就是屈服强度。

表 2-1-14　临界断裂①抗拉部件冲击试验要求

钢　级	厚度/in(mm), 连接方法	最小试验值 /ft·lbf(J)	最小平均值/ft·lbf(J)		
			1 区	2 区	3 区
36F(250F)	≤4(100), 机械固定或焊接	20(27)	25(34)在 70℉(21℃)	25(34)在 40℉(4℃)	25(34)在 10℉(-12℃)
50F(345F)③, 50SF(345SF), 50WF(345WF)③	≤2(50), 机械固定或焊接	20(27)	25(34)在 70℉(21℃)	25(34)在 40℉(4℃)	25(34)在 10℉(-12℃)
	>2(50)~4(100), 机械固定	20(27)	25(34)在 70℉(21℃)	25(34)在 40℉(4℃)	25(34)在 10℉(-12℃)
	>2(50)~4(100), 焊接	24(33)	30(41)在 70℉(21℃)	30(41)在 40℉(4℃)	30(41)在 10℉(-12℃)
HPS50WF (HPS345WF)②	≤4(100), 机械固定或焊接	24(33)	30(41)在 10℉(-12℃)	30(41)在 10℉(-12℃)	30(41)在 10℉(-12℃)
HPS70WF (HPS485WF)③	≤4(100), 机械固定或焊接	28(38)	35(48)在 -10℉(-23℃)	35(48)在 -10℉(-23℃)	35(48)在 -10℉(-23℃)
100F(690F), 100WF(690WF)	≤$2\frac{1}{2}$(65), 机械固定或焊接	28(38)	35(48)在 30℉(-1℃)	35(48)在 0℉(-18℃)	35(48)在 -30℉(-34℃)
	>$2\frac{1}{2}$(65)~ 4(100),机械固定	28(38)	5(48)在 30℉(-1℃)	35(48)在 0℉(-18℃)	35(48)在 -30℉(-34℃)
	>$2\frac{1}{2}$(65)~ 4(100),焊接	36(49)	45(68)在 30℉(-1℃)	45(68)在 0℉(-18℃)	不允许
HPS100WF (HPS690WF)	≤$2\frac{1}{2}$(65), 机械固定或焊接	28(38)	35(48)在 -30℉(-34℃)	35(48)在 -30℉(-34℃)	不允许

① 夏比 V 形缺口冲击试验应按 A673/A673M 标准规定的“P”频率进行；除 36F(250F)、50F(345F)和 50WF(345WF)和 HPS 50WF(HPS 345WF)、HPS 70WF(HPS 485WF)级钢板外，应按下列方法取样：

（1）轧制钢板（包括控制轧制和 TMCP）应从每块钢板的每一端部取样。

（2）正火钢板应从每一热处理钢板的一端取样。

（3）淬火并回火钢板应从每一热处理钢板每一端部取样。

② 如果材料的屈服点超过 65ksi(450MPa)，则对于所要求的最低平均冲击功在 65ksi(450MPa)之上每增加 10ksi(70MPa)，试验温度应下降 15℉(8℃)。合格的“制造厂试验报告”中给出的值就是屈服点。

③ 如果材料的屈服强度超过 85ksi(585MPa)，则对于所要求的最低平均冲击功在 85ksi(585MPa)之上每增加 10ksi(70MPa)，试验温度应下降 15℉(8℃)。合格的“制造厂试验报告”中给出的值就是屈服强度。

2.1.3　低合金高强度型钢

美国低合金高强度型钢（ASTM A913/A913M-04）的材料性能要求如表2-1-15～表2-1-17所示。

表2-1-15　化学成分

元　素	化学成分(最大值)/%			
	钢级:50(345)	钢级:60(415)	钢级:65(450)	钢级:70(485)
碳	0.12	0.14	0.16	0.16
锰	1.60	1.60	1.60	1.60
磷	0.040	0.030	0.030	0.040
硫	0.030	0.030	0.030	0.030
硅	0.40	0.40	0.40	0.40
铜	0.45	0.35	0.35	0.45
镍	0.25	0.25	0.25	0.25
铬	0.25	0.25	0.25	0.25
钼	0.07	0.07	0.07	0.07
铌	0.05	0.04	0.05	0.05
钒	0.06	0.06	0.06	0.09

表2-1-16　力学性能

钢　级	屈服强度(最小值)		抗拉强度(最小值)		断后伸长率(最小值)/%	
	ksi	MPa	ksi	MPa	8in(200mm)	2in(50mm)
50(345)	50	345	65	450	18	21
60(415)	60	415	75	520	16	18
65(450)	65	450	80	550	15	17
70(485)	70	485	90	620	14	16

表2-1-17　碳当量

钢　级	碳当量/%	钢　级	碳当量/%
50(345)	0.38	65(450)	0.43
60(415)	0.40	70(485)	0.45

2.1.4 结构型钢（ASTM A992/A992M-04）

美国结构型钢（ASTM A992/A992M-04）的化学成分和力学性能如表2-1-18、表2-1-19所示。

表2-1-18 化学成分

元素	成分/%	元素	成分/%
碳(最大)	0.23	硫(最大)	0.045
锰	0.50~1.50①	铜(最大)	0.60
硅(最大)	0.40	镍(最大)	0.45
钒(最大)	0.15②	铬(最大)	0.35
铌（最大）	0.05②	钼(最大)	0.15
磷(最大)	0.035		

① 若锰硫比不小于20：1，翼缘或腿厚不超过1in(25mm)的型钢最小锰含量为0.30%。
② 铌钒总量不得超过0.15%。

表2-1-19 力学性能

项目	数值
抗拉强度(最小)/ksi(MPa)	65(450)
屈服强度/ksi(MPa)	50~65(345~450)
屈强比(最大)	0.85
断后伸长率①(8in(200mm))(最小)/%	18
断后伸长率①(2in(50mm))(最小)/%	21

① 断后伸长率调整见A6/A6M拉伸试验部分。

2.2 日本热轧型钢材料性能

2.2.1 普通结构用轧制钢材

日本普通结构用轧制钢材（JIS G 3101—2004）的化学成分及力学性能如表2-2-1及表2-2-2所示。

表2-2-1 化学成分 （%）

牌号	C	Mn	P	S
SS330	—	—	≤0.050	≤0.050
SS400				
SS490				
SS540	≤0.30	≤1.60	≤0.040	≤0.040

注：如有必要可加入本表规定以外的合金元素。

表 2-2-2　力学性能

牌号	屈服点或屈服强度/MPa				抗拉强度/MPa	钢材厚度①/mm	试样	伸长率/%	弯曲性能		
	钢材厚度①/mm								弯曲角度/(°)	内部半径	试样
	≤16	>16，≤40	>40，≤100	>100							
SS330	≥205	≥195	≥175	≥165	330~430	钢板、板卷、扁钢厚度≤5	5号	≥26	180	厚度的0.5倍	1号
						钢板、板卷、扁钢厚度>5，≤16	1A号	≥21			
						钢板、板卷、扁钢厚度>16，≤50	1A号	≥26			
						钢板、扁钢厚度>40	4号	≥28			
						钢棒的直径、边长或对边距离≤25	2号	≥25	180	直径、边长或对边距离的0.5倍	2号
						钢棒的直径、边长或对边距离>25	14A号	≥28			
SS400	≥245	≥235	≥215	≥205	400~510	钢板、板卷、扁钢和型钢厚度≤5	5号	≥21	180	厚度的1.5倍	1号
						钢板、板卷、扁钢和型钢厚度>5，≤16	1A号	≥17			
						钢板、板卷、扁钢和型钢厚度>16，≤50	1A号	≥21			
						钢板、扁钢、型钢厚度>40	4号	≥23			
						钢棒的直径、边长或对边距离≤25	2号	≥20	180	直径、边长或对边距离的1.5倍	2号
						钢棒的直径、边长或对边距离>25	14A号	≥22			

续表 2-2-2

牌号	屈服点或屈服强度/MPa				抗拉强度/MPa	钢材厚度①/mm	试样	伸长率/%	弯曲性能		
	钢材厚度①/mm								弯曲角度/(°)	内部半径	试样
	≤16	>16，≤40	>40，≤100	>100							
SS490	≥285	≥275	≥255	≥245	490~610	钢板、板卷、扁钢和型钢厚度≤5	5 号	≥19	180	厚度的 2.0 倍	1 号
						钢板、板卷、扁钢和型钢厚度>5，≤16	1A 号	≥15			
						钢板、板卷、扁钢和型钢厚度>16，≤50	1A 号	≥19			
						钢板、扁钢、型钢厚度>40	4 号	≥21			
						钢棒的直径、边长或对边距离≤25	2 号	≥18	180	直径、边长或对边距离的 2.0 倍	2 号
						钢棒的直径、边长或对边距离>25	14A 号	≥20			
SS540	≥400	≥390	—	—	≥540	钢板、板卷、扁钢和型钢厚度≤5	5 号	≥16	180	厚度的 2.0 倍	1 号
						钢板、板卷、扁钢和型钢厚度>5，≤16	1A 号	≥13			
						钢板、板卷、扁钢和型钢厚度>16，≤50	1A 号	≥17			
						钢棒的直径、边长或对边距离≤25	2 号	≥13	180	直径、边长或对边距离的 2.0 倍	2 号
						钢棒的直径、边长或对边距离>25	14A 号	≥16			

注：1. 厚度大于 90mm 的钢板，钢板厚度每增加 25.0mm 或不足 25.0mm，4 号试样的伸长率应为本表中给出的伸长率数值减 1%。但是减少的限度为 3%；

2. 3 号试样可用于≤5mm 钢材的弯曲试验。

① 对于型钢“钢材的厚度”是指按照 JIS G 3101—2004 附录 1 图 1 所示的取样位置的厚度。因此“钢材的厚度”对于钢棒而言，圆棒为直径、方钢指边长（或宽），六角钢指对边距离。

2. 2. 2　焊接结构用轧制钢材

日本焊接结构用轧制钢材（JIS G 3106—2004）的性能要求如表 2-2-3 ~ 表 2-2-9 所示。

表 2-2-3　化学成分

牌　号	C	Si	Mn	P	S
SM400A	厚度≤50mm：≤0. 23 厚度 >50 ~ 200mm：≤0. 25	—	≥2. 5 × C①	≤0. 035	≤0. 035
SM400B	厚度≤50mm：≤0. 20 厚度 >50 ~ 200mm：≤0. 22	≤0. 35	0. 60 ~ 1. 40	≤0. 035	≤0. 035
SM400C	厚度≤100mm：≤0. 18	≤0. 35	≤1. 40	≤0. 035	≤0. 035
SM490A	厚度≤50mm：≤0. 20 厚度 >50 ~ 200mm：≤0. 22	≤0. 55	≤1. 60	≤0. 035	≤0. 035
SM490B	厚度≤50mm：≤0. 18 厚度 >50 ~ 200mm：≤0. 20	≤0. 55	≤1. 60	≤0. 035	≤0. 035
SM490C	厚度≤100mm：≤0. 18	≤0. 55	≤1. 60	≤0. 035	≤0. 035
SM490YA SM490YB	厚度≤100mm：≤0. 20	≤0. 55	≤1. 60	≤0. 035	≤0. 035
SM520B SM520C	厚度≤100mm：≤0. 20	≤0. 55	≤1. 60	≤0. 035	≤0. 035
SM570	厚度≤100mm：≤0. 18	≤0. 55	≤1. 60	≤0. 035	≤0. 035

注：1. 如有需要，可以添加本表以外的合金元素；

2. 牌号为 SM520B、SM520C 及 SM570，厚度大于 100mm 且不大于 150mm 钢板的化学成分，应由供需双方协商确定。

① C 的值适用于实际的熔炼分析值。

表 2-2-4　SM570 的碳当量

钢材的厚度/mm	≤50	>50 ~ 100	>100
碳当量/%	≤0. 44	≤0. 47	根据供需双方协议

表 2-2-5 SM570 的裂纹敏感系数

钢材的厚度/mm	≤50	>50～100	>100
焊接裂纹敏感性成分当量/%	≤0.28	≤0.30	根据供需双方协议

表 2-2-6 进行控轧控冷的钢板的碳当量 (%)

牌号		SM490A，SM490YA，SM470B，SM490YB，SM490C	SM520B，SM520C
适用厚度	≤50mm	≤0.38	≤0.40
	>50～100mm	≤0.40	≤0.42

注：厚度大于 100mm 的钢板的碳当量，应根据供需双方协议。

表 2-2-7 进行控轧控冷的钢板的裂纹敏感系数 (%)

牌号		SM490A，SM490B，SM490C，SM490YA，SM490YB	SM520B，SM520C
适用厚度	≤50mm	≤0.24	≤0.26
	>50～100mm	≤0.26	≤0.27

注：厚度大于 100mm 的钢板的焊接裂纹敏感性成分当量，应根据供需双方协议。

表 2-2-8 夏比冲击吸收功

牌号	试验温度/℃	夏比冲击吸收功/J	试样
SM400B	0	≥27	沿轧制方向的 V 形缺口试样
SM400C	0	≥47	
SM490B	0	≥27	
SM490C	0	≥47	
SM490YB	0	≥27	
SM520B	0	≥27	
SM520C	0	≥47	
SM570	-5	≥47	

表 2-2-9 力学性能

<table>
<tr><th rowspan="3">种类的牌号</th><th colspan="6">屈服点或屈服强度/MPa</th><th colspan="2">抗拉强度/MPa</th><th colspan="3">伸长率</th></tr>
<tr><th colspan="6">钢材的厚度①/mm</th><th colspan="2">钢材的厚度①/mm</th><th rowspan="2">钢材的厚度①
/mm</th><th rowspan="2">试样</th><th rowspan="2">%</th></tr>
<tr><th>≤16</th><th>>16～40</th><th>>40～75</th><th>>75～100</th><th>>100～160</th><th>>160～200</th><th>≤100</th><th>>100～200</th></tr>
<tr><td>SM400A
SM400B</td><td rowspan="2">≥245</td><td rowspan="2">≥235</td><td rowspan="2">≥215</td><td rowspan="2">≥215</td><td>≥205</td><td>≥195</td><td rowspan="2">400～510</td><td rowspan="2">400～510</td><td rowspan="2">≤5
>5～16
>16～50
>40</td><td rowspan="2">5号
1A号
1A号
4号</td><td rowspan="2">≥23
≥18
≥22
≥24</td></tr>
<tr><td>SM400C</td><td>—</td><td>—</td></tr>
<tr><td>SM490A
SM490B</td><td rowspan="2">≥325</td><td rowspan="2">≥315</td><td rowspan="2">≥295</td><td rowspan="2">≥295</td><td>≥285</td><td>≥275</td><td rowspan="2">490～610</td><td rowspan="2">490～610</td><td rowspan="2">≤5
>5～16
>16～50
>40</td><td rowspan="2">5号
1A号
1A号
4号</td><td rowspan="2">≥22
≥17
≥21
≥23</td></tr>
<tr><td>SM490C</td><td>—</td><td>—</td></tr>
<tr><td>SM490YA
SM490YB</td><td>≥365</td><td>≥355</td><td>≥335</td><td>≥325</td><td>—</td><td>—</td><td>490～610</td><td>—</td><td>≤5
>5～16
>16～50
>40</td><td>5号
1A号
1A号
4号</td><td>≥19
≥15
≥19
≥21</td></tr>
<tr><td>SM520B
SM520C</td><td>≥365</td><td>≥355</td><td>≥335</td><td>≥325</td><td>—</td><td>—</td><td>520～640</td><td>—</td><td>≤5
>5～16
>16～50
>40</td><td>5号
1A号
1A号
4号</td><td>≥19
≥15
≥19
≥21</td></tr>
<tr><td>SM570</td><td>≥460</td><td>≥450</td><td>≥430</td><td>≥420</td><td>—</td><td>—</td><td>570～720</td><td>—</td><td>≤16
>16
>20</td><td>5号
5号
4号</td><td>≥19
≥26
≥20</td></tr>
</table>

注：1. 本表不适用钢带的两端；

2. 厚度大于100mm钢材使用4号试样的伸长率，厚度每增加25mm或不足25mm，本表伸长率的数值减少1%。但最大为3%；

3. SM520B、SM520C及SM570的厚度大于100mm但不大于150mm的钢板的屈服点或抗拉强度及伸长率，应根据供需双方协议。

① 型钢时，钢材的厚度为JIS G 3106—2004附录图1试样的取样位置的厚度。

2.3 欧洲热轧型钢材料性能

2.3.1 热轧非合金结构钢

欧洲热轧非合金结构钢（EN 10025-2：2004）材料性能如表2-3-1～表2-3-6所示。

表2-3-1 扁平材和长材产品不同钢号、不同冲击功值质量等级化学成分熔炼分析①

牌号		脱氧方式②	C(最大)/% 公称厚度/mm			Si(最大)/%	Mn(最大)/%	P(最大)④/%	S(最大)④,⑤/%	N(最大)⑥/%	Cu(最大)⑦/%	其他(最大)⑧/%
按EN 10027-1、CR10260	按EN 10027-2		≤16	>16, ≤40	>40③							
S235JR	1.0038	FN	0.17	0.17	0.20	—	1.40	0.035	0.035	0.012	0.55	—
S235J0	1.0114	FN	0.17	0.17	0.17	—	1.40	0.030	0.030	0.012	0.55	—
S235J2	1.0117	FF	0.17	0.17	0.17	—	1.40	0.025	0.025	—	0.55	—
S275JR	1.0044	FN	0.21	0.21	0.22	—	1.50	0.035	0.035	0.012	0.55	—
S275J0	1.0143	FN	0.18	0.18	0.18⑨	—	1.50	0.030	0.030	0.012	0.55	—
S275J2	1.0145	FF	0.18	0.18	0.18⑨	—	1.50	0.025	0.025	—	0.55	—
S355JR	1.0045	FN	0.24	0.24	0.24	0.55	1.60	0.035	0.035	0.012	0.55	—
S355J0	1.0553	FN	0.20⑩	0.20⑪	0.22	0.55	1.60	0.030	0.030	0.012	0.55	—
S355J2	1.0577	FF	0.20⑩	0.20⑪	0.22	0.55	1.60	0.025	0.025	—	0.55	—
S355K2	1.0596	FF	0.20⑩	0.20⑪	0.22	0.55	1.60	0.025	0.025	—	0.55	—
S450J0⑫	1.0590	FF	0.20	0.20⑪	0.22	0.55	1.70	0.030	0.030	0.025	0.55	⑬

① 见EN 10025-2：2004的7.2。
② FN表示不允许为沸腾钢；FF表示全脱氧钢（见EN 10025-2：2004的6.2.2）。
③ 对于公称厚度大于100mm的型钢，C含量应进行协商，见EN 10025-2：2004的可选要求26。
④ 对于长材产品，S和P含量可提高0.005%。
⑤ 如果长材产品预进行硫化物形态调整并且Ca的最小含量为0.0020%时，为了提高机械加工性能，S含量可以提高0.015%。
⑥ 如果化学成分表明最小总铝含量为0.020%或酸溶铝含量为0.015%或者含有足够数量的其他固N元素，则该N含量的最大值不适用。在这种情况下，N固定元素应在检验报告中说明。
⑦ Cu含量超过0.40%可能在热加工时导致热脆。
⑧ 如果加入其他元素，应在检验报告中说明。
⑨ 对于公称厚度大于150mm的，C的最大含量为0.20%。
⑩ 对于适用于冷弯的牌号（见EN 10025-2：2004的7.4.2.2.3），C含量最大值为0.22%。
⑪ 对于公称厚度大于30mm的，C的最大含量为0.22%。
⑫ 仅适用于长材产品。
⑬ 这种钢材的Nb最大为0.05%，V最大为0.13%，Ti最大为0.05%。

表2-3-2 扁平材和长材产品无冲击强度级别不同钢号的化学成分熔炼分析①

牌号		脱氧方式②	P(最大)/%	S(最大)③/%	N(最大)④/%
按EN 10027-1、CR10260	按EN 10027-2				
S185	1.0035	Opt.	—	—	—
E295	1.0050	FN	0.045	0.045	0.012
E335	1.0060	FN	0.045	0.045	0.012
E360	1.0070	FN	0.045	0.045	0.012

① 见EN 10025-2：004的7.2。
② Opt.表示生产厂选择；FN表示不允许为沸腾钢（见EN 10025-2：2004的6.2.2）。
③ 如果长材产品预进行硫化物形态调整并且Ca的最小含量为0.0020%时，为了提高机械加工性能S含量可以提高0.015%，见EN 10025-2：2004的可选要求27。
④ 如果化学成分表明最小总铝含量为0.015%或者含有足够数量的其他固N元素，则该N含量的最大值不适用。在这种情况下，N固定元素应在检验报告中说明。

表 2-3-3　扁平材和长材产品不同钢号、不同冲击功值质量等级室温下的力学性能

牌号		最小屈服强度 $R_{eH}^{①}$/MPa									抗拉强度 $R_{m}^{①}$/MPa				
		公称厚度/mm									公称厚度/mm				
按 EN 10027-1、CR10260	按 EN 10027-2	≤16	>16，≤40	>40，≤63	>63，≤80	>80，≤100	>100，≤150	>150，≤200	>200，≤250	>250，≤400②	<3	>3，≤100	>100，≤150	>150，≤250	>250，≤400
S235JR	1.0038	235	225	215	215	215	195	185	175	—	360~510	360~510	350~500	340~490	—
S235J0	1.0114	235	225	215	215	215	195	185	175	—	360~510	360~510	350~500	340~490	—
S235J2	1.0117	235	255	215	215	215	195	185	175	165	360~510	360~510	350~510	340~490	330~480
S275JR	1.0044	275	265	255	245	235	225	215	205	—	430~580	410~560	400~540	380~540	—
S275J0	1.0143	275	265	255	245	235	225	215	205	—	430~580	410~560	400~540	380~540	—
S275J2	1.0145	275	265	255	245	235	225	215	205	195	430~580	410~560	400~540	380~540	380~540
S355JR	1.0045	355	345	335	325	315	295	285	275	—	510~680	470~630	450~600	450~600	—
S355J0	1.0553	355	345	335	325	315	295	285	275	—	510~680	470~630	450~600	450~600	—
S355J2	1.0577	355	345	335	325	315	295	285	275	265	510~680	470~630	450~600	450~600	450~600
S355K2	1.0596	355	345	335	325	315	295	285	275	265	510~680	470~630	450~600	450~600	450~600
S450J0③	1.0590	450	430	410	390	380	—	—	—	—	—	550~720	530~700	—	—

续表 2-3-3

牌号		取样位置①	最小断后伸长率①/%										
			公称厚度($L_0=80mm$)/mm					公称厚度($L_0=5.65\sqrt{S_0}$)/mm					
按 EN 10027-1、CR10260	按 EN 10027-2		≤1	>1，≤1.5	>1.5，≤2	>2，≤2.5	>2.5，≤3	>3，≤40	>40，≤63	>63，≤100	>100，≤150	>150，≤250	>250，≤400（仅对 J2 和 K2）
S235JR	1.0038	l	17	18	19	20	21	26	25	24	22	21	—
S235J0	1.0114												—
S235J2	1.0117	t	15	16	17	18	19	24	23	22	22	21	21（l 和 t）
S275JR	1.0044	l	15	16	17	18	19	23	22	21	19	18	—
S275J0	1.0143												—
S275J2	1.0145	t	13	14	15	16	17	21	20	19	19	18	18（l 和 t）
S355JR	1.0045	l	14	15	16	17	18	22	21	20	18	17	—
S355J0	1.0553												—
S355J2	1.0577												17（l 和 t）
S355K2	1.0596	t	12	13	14	15	16	20	19	18	18	17	17（l 和 t）
S450J0③	1.0590	l	—	—	—	—	—	17	17	17	17	—	—

① 对于宽度≥600mm 的钢板、钢带和宽扁平材，采用与轧制方向相垂直（t）的方向。其他产品适用于与轧制方向相平行（l）的方向。
② 该值适用于扁平材产品。
③ 仅适用于长材。

表 2-3-4 扁平材和长材产品无冲击强度不同钢号室温下的力学性能

牌号		最小屈服强度 R_{eH}[①]/MPa								抗拉强度 R_m[①]/MPa			
		公称厚度/mm								公称厚度/mm			
按 EN 10027-1、CR10260	按 EN 10027-2	≤16	>16，≤40	>40，≤63	>63，≤80	>80，≤100	>100，≤150	>150，≤200	>200，≤250	<3	>3，≤100	>100，≤150	>150，≤250
S185	1.0035	185	175	175	175	175	165	155	145	310~540	290~510	280~500	270~490
E295[②]	1.0050[②]	295	285	275	265	255	245	235	225	490~660	470~610	450~610	450~610
E335[②]	1.0060[②]	335	325	315	305	295	275	265	255	590~770	570~710	550~710	540~710
E360[②]	1.0070[②]	360	355	345	335	325	305	295	285	690~900	670~830	650~830	640~830

牌号		取样位置[①]	最小断后伸长率[①]/%									
			公称厚度(L_0=80mm)/mm					公称厚度($L_0=5.65\sqrt{S_0}$)/mm				
按 EN 10027-1、CR10260	按 EN 10027-2		≤1	>1，≤1.5	>1.5，≤2	>2，≤2.5	>2.5，≤3	>3，≤40	>40，≤63	>63，≤100	>100，≤150	>150，≤250
S185	1.0035	l	10	11	12	13	14	18	17	16	15	15
		t	8	9	10	11	12	16	15	14	13	13
E295[②]	1.0050[②]	l	12	13	14	15	16	20	19	18	16	15
		t	10	11	12	13	14	18	17	16	15	14
E335[②]	1.0060[②]	l	8	9	10	11	12	16	15	14	12	11
		t	6	7	8	9	10	14	13	12	11	10
E360[②]	1.0070[②]	l	4	5	6	7	8	11	10	9	8	7
		t	3	4	5	6	7	10	9	8	7	6

① 对于宽度≥600mm 的钢板、钢带和宽扁平材，采用与轧制方向相垂直（t）的方向。其他产品适用于与轧制方向相平行（l）的方向。

② 这些钢材通常不用于槽钢、角钢和型钢。

表 2-3-5　力学性能——扁平材和长材产品纵向冲击强度

牌　号		温度/℃	最小冲击功/J		
			公称厚度/mm		
按 EN 10027-1、CR10260	按 EN 10027-2		≤150①,②	>150，≤250②	>250，≤400③
S235JR	1.0038	20	27	27	—
S235J0	1.0114	0	27	27	—
S235J2	1.0117	-20	27	27	27
S275JR	1.0044	20	27	27	—
S275J0	1.0143	0	27	27	—
S275J2	1.0145	-20	27	27	27
S355JR	1.0045	20	27	27	—
S355J0	1.0553	0	27	27	—
S355J2	1.0577	-20	27	27	27
S355K2	1.0596		40④	40	33
S450J0⑤	1.0590	0	27	—	—

① 对于公称厚度≤12mm 的，见 EN 10025-1：2004。

② 对公称厚度>100mm 的型钢，该值应进行协商。

③ 该值适用于扁平材产品。

④ 该值与-30℃下 27J 相一致（见 Eurocode3）。

⑤ 仅适用于长材产品。

表 2-3-6　基于熔炼分析的最大 CEV 值①

牌　号		脱氧方式②	最大碳当量值 CEV/%				
			产品厚度/mm				
按 EN 10027-1、CR10260	按 EN 10027-2		≤30	>30，≤40	>40，≤150	>150，≤250	>250，≤400
S235JR	1.0038	FN	0.35	0.35	0.38	0.40	—
S235J0	1.0114	FN	0.35	0.35	0.38	0.40	—
S235J2	1.0117	FF	0.35	0.35	0.38	0.40	0.40
S275JR	1.0044	FN	0.40	0.40	0.40	0.44	—
S275J0	1.0143	FN	0.40	0.40	0.40	0.44	—
S275J2	1.0145	FF	0.40	0.40	0.40	0.44	0.44

续表 2-3-6

牌号		脱氧方式②	最大碳当量值 CEV/%				
			产品厚度/mm				
按 EN 10027-1、CR10260	按 EN 10027-2		≤30	>30，≤40	>40，≤150	>150，≤250	>250，≤400
S355JR	1.0045	FN	0.45	0.47	0.47	0.49③	—
S355J0	1.0553	FN	0.45	0.47	0.47	0.49③	—
S355J2	1.0577	FF	0.45	0.47	0.47	0.49③	0.49
S355K2	1.0596	FF	0.45	0.47	0.47	0.49③	0.49
S450J0④	1.0590	FF	0.47	0.49	0.49	—	—

① 元素的增加对 CEV 的影响见 EN 10025-2：2004 的 7.2.4 和 7.2.5。

② FN 表示不允许为沸腾钢；FF 表示全脱氧钢。

③ 对于长材，最大 CEV 为 0.54。

④ 仅适用于长材。

2.3.2　热机械轧制可焊细晶结构钢

欧洲热机械轧制可焊细晶结构钢（EN 10025-4：2004）材料性能如表 2-3-7 ~ 表 2-3-11 所示。

表 2-3-7　正火钢化学成分熔炼分析　　（%）

牌号		C（最大）	Si（最大）	Mn（最大）	P（最大）	S①,②（最大）	Nb（最大）	V（最大）	Al总③（最大）	Ti（最大）	Cr（最大）	Ni（最大）	Mo（最大）	Cu④（最大）	N（最大）
按 EN 10027-1、CR10260	按 EN 10027-2														
S275M	1.8818	0.13⑤	0.50	1.50	0.030	0.025	0.05	0.05	0.08	0.02	0.30	0.30	0.10	0.55	0.015
S275ML	1.8819				0.025	0.020									
S355M	1.8823	0.14⑤	0.50	1.60	0.030	0.025	0.05	0.12	0.10	0.02	0.30	0.50	0.10	0.55	0.015
S355ML	1.8834				0.025	0.020									
S420M	1.8825	0.16⑥	0.50	1.70	0.030	0.025	0.05	0.20	0.12	0.02	0.30	0.80	0.20	0.55	0.025
S420ML	1.8836				0.025	0.020									
S460M	1.8827	0.16⑥	0.60	1.70	0.030	0.025	0.05	0.20	0.12	0.02	0.30	0.80	0.20	0.55	0.025
S460ML	1.8838				0.025	0.020									

① 对于长材，S、P 含量可以高出 0.005%。

② 对于铁路用钢材，最大 S 含量可以在订货和询价时协商为 0.010%。见 EN 10025-4：2004 的可选要求 32。

③ 如果有足够的其他的固 N 元素，则总铝含量不适用。

④ Cu 含量超过 0.40% 可能在热加工时导致热脆。

⑤ 对扁平材的 S275，最大碳含量为 0.15%，对 S355 最大碳含量为 0.16%。

⑥ 对扁平材的 S420 和 S460，最大碳含量为 0.18%。

表 2-3-8　热机械轧制钢材室温下的力学性能

牌号		最小屈服强度 R_{eH}[①]/MPa						抗拉强度 R_m[①]/MPa					最小断后伸长率[②] $(L_0=5.65\sqrt{S_0})$/%
		公称厚度/mm						公称厚度/mm					
按 EN 10027-1、CR10260	按 EN 10027-2	≤16	>16，≤40	>40，≤63	>63，≤80	>80，≤100	>100，≤120	≤40	>40，≤63	>63，≤80	>80，≤100	>100，≤120[③]	
S275M S275ML	1.8818 1.8819	275	265	255	245	245	240	370~530	360~520	350~510	350~510	350~510	24
S355M S355ML	1.8823 1.8834	355	345	335	325	325	320	470~630	450~610	450~600	440~600	430~590	22
S420M S420ML	1.8825 1.8836	420	400	390	370	370	365	520~680	500~660	480~650	470~630	460~620	19
S460M S460ML	1.8827 1.8838	460	440	430	410	400	385	540~720	530~710	510~690	500~680	490~660	17

① 对于宽度≥600mm 的钢板、钢带和宽扁平材，采用与轧制方向相垂直（t）的方向。其他产品适用于与轧制方向相平行（l）的方向。

② 厚度<3mm 的产品（采用标距长度 $L_0=80$mm 的试样）应进行试验，试验数值应在询价和订货时协商。

③ 厚度≤150mm 的长材适用。

表 2-3-9　热机械轧制钢材基于熔炼分析的最大碳当量值 CEV①

牌　号		CEV(最大)/%				
		公称尺寸/mm				
按 EN 10027-1、CR10260	按 EN 10027-2	≤16	>16，≤40	>40，≤63	>63，≤120	>120，≤150②
S275M S275ML	1.8818 1.8819	0.34	0.34	0.35	0.38	0.38
S355M S355ML	1.8823 1.8834	0.39	0.39	0.40	0.45	0.45
S420M S420ML	1.8825 1.8836	0.43	0.45	0.46	0.47	0.47
S460M S460ML	1.8827 1.8838	0.45	0.47	0.47	0.48	0.48

① 元素成分的增加对 CEV 的影响见 EN 10025-4：2005 的 7.4.3。

② 该数值只适用于长材。

表 2-3-10　热机械轧制钢材纵向 V 形缺口冲击试验的最小冲击功值

牌　号		冲击功/J						
		冲击试验温度/℃						
按 EN 10027-1、CR10260	按 EN 10027-2	+20	0	-10	-20	-30	-40	-50
S275M S355M S420M S460M	1.8818 1.8819 1.8823 1.8834	55	47	43	40①	—	—	—
S275ML S355ML S420ML S460ML	1.8825 1.8836 1.8827 1.8838	63	55	51	47	40	31	27

① 该值与在 -30℃下的 27J 相对应（见 Eurocode 3）。

表 2-3-11　当订货协商采用横向试样时，热机械轧制钢材的横向 V 形缺口冲击试验最小冲击功值

牌　号		冲击功/J						
		冲击试验温度/℃						
按 EN 10027-1、CR10260	按 EN 10027-2	+20	0	-10	-20	-30	-40	-50
S275M S355M S420M S460M	1.8818 1.8819 1.8823 1.8834	31	27	24	20	—	—	—

续表 2-3-11

牌号		冲击功/J						
按 EN 10027-1、CR10260	按 EN 10027-2	冲击试验温度/℃						
		+20	0	-10	-20	-30	-40	-50
S275ML S355ML S420ML S460ML	1.8825 1.8836 1.8827 1.8838	40	34	30	27	23	20	16

2.4 我国热轧型钢材料性能

2.4.1 优质碳素结构钢

我国的国家标准《优质碳素结构钢》(GB/T 699—1999) 材料所规定的化学成分和力学性能如表 2-4-1 及表 2-4-2 所示。

表 2-4-1 化学成分

序号	统一数字代号	牌号	化学成分/%					
			C	Si	Mn	Cr	Ni	Cu
						不大于		
1	U20080	08F	0.05~0.11	≤0.03	0.25~0.50	0.10	0.30	0.25
2	U20100	10F	0.07~0.13	≤0.07	0.25~0.50	0.15	0.30	0.25
3	U20150	15F	0.12~0.18	≤0.07	0.25~0.50	0.25	0.30	0.25
4	U20082	08	0.05~0.11	0.17~0.37	0.35~0.65	0.10	0.30	0.25
5	U20102	10	0.07~0.13	0.17~0.37	0.35~0.65	0.15	0.30	0.25
6	U20152	15	0.12~0.18	0.17~0.37	0.35~0.65	0.25	0.30	0.25
7	U20202	20	0.17~0.23	0.17~0.37	0.35~0.65	0.25	0.30	0.25
8	U20252	25	0.22~0.29	0.17~0.37	0.50~0.80	0.25	0.30	0.25
9	U20302	30	0.27~0.34	0.17~0.37	0.50~0.80	0.25	0.30	0.25
10	U20352	35	0.32~0.39	0.17~0.37	0.50~0.80	0.25	0.30	0.25
11	U20402	40	0.37~0.44	0.17~0.37	0.50~0.80	0.25	0.30	0.25
12	U20452	45	0.42~0.50	0.17~0.37	0.50~0.80	0.25	0.30	0.25
13	U20502	50	0.47~0.55	0.17~0.37	0.50~0.80	0.25	0.30	0.25
14	U20552	55	0.52~0.60	0.17~0.37	0.50~0.80	0.25	0.30	0.25
15	U20602	60	0.57~0.65	0.17~0.37	0.50~0.80	0.25	0.30	0.25
16	U20652	65	0.62~0.70	0.17~0.37	0.50~0.80	0.25	0.30	0.25
17	U20702	70	0.67~0.75	0.17~0.37	0.50~0.80	0.25	0.30	0.25
18	U20752	75	0.72~0.80	0.17~0.37	0.50~0.80	0.25	0.30	0.25
19	U20802	80	0.77~0.85	0.17~0.37	0.50~0.80	0.25	0.30	0.25
20	U20852	85	0.82~0.90	0.17~0.37	0.50~0.80	0.25	0.30	0.25
21	U21152	15Mn	0.12~0.18	0.17~0.37	0.70~1.00	0.25	0.30	0.25
22	U21202	20Mn	0.17~0.23	0.17~0.37	0.70~1.00	0.25	0.30	0.25
23	U21252	25Mn	0.22~0.29	0.17~0.37	0.70~1.00	0.25	0.30	0.25
24	U21302	30Mn	0.27~0.34	0.17~0.37	0.70~1.00	0.25	0.30	0.25
25	U21352	35Mn	0.32~0.39	0.17~0.37	0.70~1.00	0.25	0.30	0.25
26	U21402	40Mn	0.37~0.44	0.17~0.37	0.70~1.00	0.25	0.30	0.25

续表 2-4-1

序 号	统一数字代号	牌号	化学成分/%					
			C	Si	Mn	Cr	Ni	Cu
						不大于		
27	U21452	45Mn	0.42～0.50	0.17～0.37	0.70～1.00	0.25	0.30	0.25
28	U21502	50Mn	0.48～0.56	0.17～0.37	0.70～1.00	0.25	0.30	0.25
29	U21602	60Mn	0.57～0.65	0.17～0.37	0.70～1.00	0.25	0.30	0.25
30	U21652	65Mn	0.62～0.70	0.17～0.37	0.90～1.20	0.25	0.30	0.25
31	U21702	70Mn	0.67～0.75	0.17～0.37	0.90～1.20	0.25	0.30	0.25

注：表中所列牌号为优质钢。如果是高级优质钢，在牌号后面加“A”（统一数字代号最后一位数字改为“3”）；如果是特级优质钢，在牌号后面加“E”（统一数字代号最后一位数字改为“6”）；对于沸腾钢，牌号后面为“F”（统一数字代号最后一位数字为“0”）；对于半镇静钢，牌号后面为“b”（统一数字代号最后一位数字为“1”）。

表 2-4-2　力学性能

序号	牌号	试样毛坯尺寸/mm	推荐热处理/℃			力学性能					钢材交货状态硬度 HBS10/3000	
			正火	淬火	回火	σ_b /MPa	σ_s /MPa	δ_5 /%	ψ /%	A_{KU2} /J	未热处理钢	退火钢
						不小于					不大于	
1	08F	25	930			295	175	35	60		131	
2	10F	25	930			315	185	33	55		137	
3	15F	25	920			355	205	29	55		143	
4	08	25	930			325	195	33	60		131	
5	10	25	930			335	205	31	55		137	
6	15	25	920			375	225	27	55		143	
7	20	25	910			410	245	25	55		156	
8	25	25	900	870	600	450	275	23	50	71	170	
9	30	25	880	860	600	490	295	21	50	63	179	
10	35	25	870	850	600	530	315	20	45	55	197	
11	40	25	860	840	600	570	335	19	45	47	217	187
12	45	25	850	840	600	600	355	16	40	39	229	197
13	50	25	830	830	600	630	375	14	40	31	241	207
14	55	25	820	820	600	645	380	13	35		255	217
15	60	25	810			675	400	12	35		255	229
16	65	25	810			695	410	10	30		255	229
17	70	25	790			715	420	9	30		269	229
18	75	试样		820	480	1080	880	7	30		285	241
19	80	试样		820	480	1080	930	6	30		285	241
20	85	试样		820	480	1130	980	6	30		302	255
21	15Mn	25	920			410	245	26	55		163	
22	20Mn	25	910			450	275	24	50		197	
23	25Mn	25	900	870	600	490	295	22	50	71	207	
24	30Mn	25	880	860	600	540	315	20	45	63	217	187
25	35Mn	25	870	850	600	560	335	18	45	55	229	197
26	40Mn	25	860	840	600	590	355	17	45	47	229	207
27	45Mn	25	850	840	600	620	375	15	40	39	241	217

续表 2-4-2

序号	牌号	试样毛坯尺寸/mm	推荐热处理/℃			力学性能					钢材交货状态硬度 HBS10/3000	
			正火	淬火	回火	σ_b /MPa	σ_s /MPa	δ_5 /%	ψ /%	A_{KU2} /J	未热处理钢	退火钢
						不小于					不大于	
28	50Mn	25	830	830	600	645	390	13	40	31	255	217
29	60Mn	25	810			695	410	11	35		269	229
30	65Mn	25	830			735	430	9	30		285	229
31	70Mn	25	790			785	450	8	30		285	229

注：1. 对于直径或厚度小于25mm的钢材，热处理是在与成品截面尺寸相同的试样毛坯上进行。
2. 表中所列正火推荐保温时间不少于30min，空冷；淬火推荐保温时间不少于30min，70、80和85钢油冷，其余钢水冷；回火推荐保温时间不少于1h。

2.4.2 碳素结构钢

我国的国家标准《碳素结构钢》（GB/T 700—2006）所规定的材料化学成分和力学性能如表2-4-3及表2-4-4所示。

表 2-4-3 化学成分

牌 号	统一数字代号	厚度（或直径）/mm	化学成分(不大于)/%				
			C	Si	Mn	P	S
Q195F	U11950	—	0.12	0.30	0.50	0.035	0.040
Q195Z	U11951						
Q215AF	U12150	—	0.15	—	—	0.045	0.050
Q215AZ	U12151						
Q215BF	U12152			0.35	1.20	0.045	0.045
Q215BZ	U12153						
Q235AF	U12350	—	0.22	—	—	0.045	0.050
Q235AZ	U12351						
Q235BF	U12352	≤25	0.20①	0.35	1.40	0.045	0.045
Q235BZ	U12353						
Q235BZ	U12354	>25					
Q235CZ	U12355	—	0.17			0.040	0.040
Q235DTZ	U12356	—				0.035	0.035
Q275AF	U12750	—		—	—	0.045	0.050
Q275AZ	U12751	—	0.24				
Q275BZ	U12752	≤40	0.21	0.35	1.50	0.045	0.045
Q275BZ	U12753	>40	0.22			0.045	0.045
Q275CZ	U12754	—	0.20			0.040	0.040
Q275DTZ	U12755	—				0.035	0.035

① 经需方同意，Q235B的C含量可不大于0.22%。

表 2-4-4 力学性能

牌号	等级	屈服强度 R_{eH}(不小于)/MPa						抗拉强度 R_m①/MPa	断后伸长率 A(不小于)/%					冲击试验(V形缺口)	
		厚度(或直径)/mm							厚度(或直径)/mm					温度/℃	冲击吸收功(纵向,不小于)/J
		≤16	>16~40	>40~60	>60~100	>100~150	>150~200		≤40	>40~60	>60~100	>100~150	>150~200		
Q195	—	195	185	—	—	—	—	315~430	33	—	—	—	—	—	—
Q215	A	215	205	195	185	175	165	335~450	31	30	29	27	26	—	—
	B													+20	27
Q235	A	235	225	215	215	195	185	370~500	26	25	24	22	21	—	—
	B													+20	27②
	C													0	
	D													-20	
Q275	A	275	265	255	245	225	215	410~540	22	21	20	18	17	—	—
	B													+20	27
	C													0	
	D													-20	

① 宽带钢（包括剪切钢板）抗拉强度上限不作交货条件。

② 厚度小于 25mm 的 Q235B 级钢材，如供方能保证冲击吸收功值合格，可不作检验。

2.4.3　低合金高强度钢

我国的国家标准《低合金高强度钢》（GB/T 1591—1994）相关牌号和各项技术要求如表 2-4-5 ~ 表 2-4-11 所示。

表 2-4-5　化学成分

<table>
<tr><th rowspan="3">牌号</th><th rowspan="3">质量等级</th><th colspan="15">化学成分①,②（质量分数）/%</th></tr>
<tr><th rowspan="2">C</th><th rowspan="2">Si</th><th rowspan="2">Mn</th><th>P</th><th>S</th><th>Nb</th><th>V</th><th>Ti</th><th>Cr</th><th>Ni</th><th>Cu</th><th>N</th><th>Mo</th><th>B</th><th>Al</th></tr>
<tr><th colspan="11">不大于</th><th>不小于</th></tr>
<tr><td rowspan="5">Q345</td><td>A</td><td rowspan="3">≤0.20</td><td rowspan="5">≤0.50</td><td rowspan="5">≤1.70</td><td>0.035</td><td>0.035</td><td rowspan="5">0.07</td><td rowspan="5">0.15</td><td rowspan="5">0.05</td><td rowspan="5">0.30</td><td rowspan="5">0.50</td><td rowspan="5">0.30</td><td rowspan="5">0.012</td><td rowspan="5">0.10</td><td rowspan="5">—</td><td rowspan="2">—</td></tr>
<tr><td>B</td><td>0.035</td><td>0.035</td></tr>
<tr><td>C</td><td>0.030</td><td>0.030</td><td rowspan="3">0.015</td></tr>
<tr><td>D</td><td rowspan="2">≤0.18</td><td>0.030</td><td>0.025</td></tr>
<tr><td>E</td><td>0.025</td><td>0.020</td></tr>
<tr><td rowspan="5">Q390</td><td>A</td><td rowspan="5">≤0.20</td><td rowspan="5">≤0.50</td><td rowspan="5">≤1.70</td><td>0.035</td><td>0.035</td><td rowspan="5">0.07</td><td rowspan="5">0.20</td><td rowspan="5">0.05</td><td rowspan="5">0.30</td><td rowspan="5">0.50</td><td rowspan="5">0.30</td><td rowspan="5">0.015</td><td rowspan="5">0.10</td><td rowspan="5">—</td><td rowspan="2">—</td></tr>
<tr><td>B</td><td>0.035</td><td>0.035</td></tr>
<tr><td>C</td><td>0.030</td><td>0.030</td><td rowspan="3">0.015</td></tr>
<tr><td>D</td><td>0.030</td><td>0.025</td></tr>
<tr><td>E</td><td>0.025</td><td>0.020</td></tr>
<tr><td rowspan="5">Q420</td><td>A</td><td rowspan="5">≤0.20</td><td rowspan="5">≤0.50</td><td rowspan="5">≤1.70</td><td>0.035</td><td>0.035</td><td rowspan="5">0.07</td><td rowspan="5">0.20</td><td rowspan="5">0.05</td><td rowspan="5">0.30</td><td rowspan="5">0.80</td><td rowspan="5">0.30</td><td rowspan="5">0.015</td><td rowspan="5">0.20</td><td rowspan="5">—</td><td rowspan="2">—</td></tr>
<tr><td>B</td><td>0.035</td><td>0.035</td></tr>
<tr><td>C</td><td>0.030</td><td>0.030</td><td rowspan="3">0.015</td></tr>
<tr><td>D</td><td>0.030</td><td>0.025</td></tr>
<tr><td>E</td><td>0.025</td><td>0.020</td></tr>
<tr><td rowspan="3">Q460</td><td>C</td><td rowspan="3">≤0.20</td><td rowspan="3">≤0.60</td><td rowspan="3">≤1.80</td><td>0.030</td><td>0.030</td><td rowspan="3">0.11</td><td rowspan="3">0.20</td><td rowspan="3">0.05</td><td rowspan="3">0.30</td><td rowspan="3">0.80</td><td rowspan="3">0.55</td><td rowspan="3">0.015</td><td rowspan="3">0.20</td><td rowspan="3">0.004</td><td rowspan="3">0.015</td></tr>
<tr><td>D</td><td>0.030</td><td>0.025</td></tr>
<tr><td>E</td><td>0.025</td><td>0.020</td></tr>
<tr><td rowspan="3">Q500</td><td>C</td><td rowspan="3">≤0.18</td><td rowspan="3">≤0.60</td><td rowspan="3">≤1.80</td><td>0.030</td><td>0.030</td><td rowspan="3">0.11</td><td rowspan="3">0.12</td><td rowspan="3">0.05</td><td rowspan="3">0.60</td><td rowspan="3">0.80</td><td rowspan="3">0.55</td><td rowspan="3">0.015</td><td rowspan="3">0.20</td><td rowspan="3">0.004</td><td rowspan="3">0.015</td></tr>
<tr><td>D</td><td>0.030</td><td>0.025</td></tr>
<tr><td>E</td><td>0.025</td><td>0.020</td></tr>
<tr><td rowspan="3">Q550</td><td>C</td><td rowspan="3">≤0.18</td><td rowspan="3">≤0.60</td><td rowspan="3">≤2.00</td><td>0.030</td><td>0.030</td><td rowspan="3">0.11</td><td rowspan="3">0.12</td><td rowspan="3">0.05</td><td rowspan="3">0.80</td><td rowspan="3">0.80</td><td rowspan="3">0.80</td><td rowspan="3">0.015</td><td rowspan="3">0.30</td><td rowspan="3">0.004</td><td rowspan="3">0.015</td></tr>
<tr><td>D</td><td>0.030</td><td>0.025</td></tr>
<tr><td>E</td><td>0.025</td><td>0.020</td></tr>
<tr><td rowspan="3">Q620</td><td>C</td><td rowspan="3">≤0.18</td><td rowspan="3">≤0.60</td><td rowspan="3">≤2.00</td><td>0.030</td><td>0.030</td><td rowspan="3">0.11</td><td rowspan="3">0.12</td><td rowspan="3">0.05</td><td rowspan="3">1.00</td><td rowspan="3">0.80</td><td rowspan="3">0.80</td><td rowspan="3">0.015</td><td rowspan="3">0.30</td><td rowspan="3">0.004</td><td rowspan="3">0.015</td></tr>
<tr><td>D</td><td>0.030</td><td>0.025</td></tr>
<tr><td>E</td><td>0.025</td><td>0.020</td></tr>
<tr><td rowspan="3">Q690</td><td>C</td><td rowspan="3">≤0.18</td><td rowspan="3">≤0.60</td><td rowspan="3">≤2.00</td><td>0.030</td><td>0.030</td><td rowspan="3">0.11</td><td rowspan="3">0.12</td><td rowspan="3">0.05</td><td rowspan="3">1.00</td><td rowspan="3">0.80</td><td rowspan="3">0.80</td><td rowspan="3">0.015</td><td rowspan="3">0.30</td><td rowspan="3">0.004</td><td rowspan="3">0.015</td></tr>
<tr><td>D</td><td>0.030</td><td>0.025</td></tr>
<tr><td>E</td><td>0.025</td><td>0.020</td></tr>
</table>

① 型材及棒材 P、S 含量可提高 0.005%，其中 A 级钢上限可为 0.045%。

② 当细化晶粒元素组合加入时，Nb + V + Ti≤0.22%，Mo + Cr≤0.30%。

表 2-4-6　热轧、控轧状态交货钢材的碳当量

牌　号	碳当量 CEV/%		
	公称厚度或直径≤63mm	公称厚度或直径＞63～250mm	公称厚度＞250mm
Q345	≤0.44	≤0.47	≤0.47
Q390	≤0.45	≤0.48	≤0.48
Q420	≤0.45	≤0.48	≤0.48
Q460	≤0.46	≤0.49	—

表 2-4-7　正火或正火轧制、正火加回火状态交货钢材的碳当量

牌　号	碳当量 CEV/%		
	公称厚度≤63mm	公称厚度＞63～120mm	公称厚度＞120～250mm
Q345	≤0.45	≤0.48	≤0.48
Q390	≤0.46	≤0.48	≤0.49
Q420	≤0.48	≤0.50	≤0.52
Q460	≤0.53	≤0.54	≤0.55

表 2-4-8　热机械轧制（TMCP）或热机械轧制加回火状态交货钢材的碳当量

牌　号	碳当量 CEV/%		
	公称厚度≤63mm	公称厚度＞63～120mm	公称厚度＞120～150mm
Q345	≤0.44	≤0.45	≤0.45
Q390	≤0.46	≤0.47	≤0.47
Q420	≤0.46	≤0.47	≤0.47
Q460	≤0.47	≤0.48	≤0.48
Q500	≤0.47	≤0.48	≤0.48
Q550	≤0.47	≤0.48	≤0.48
Q620	≤0.48	≤0.49	≤0.49
Q690	≤0.49	≤0.49	≤0.49

表 2-4-9　热机械轧制（TMCP）或热机械轧制加回火状态交货钢材 P_{cm} 值

牌　号	P_{cm}/%	牌　号	P_{cm}/%
Q345	≤0.20	Q500	≤0.25
Q390	≤0.20	Q550	≤0.25
Q420	≤0.20	Q620	≤0.25
Q460	≤0.20	Q690	≤0.25

表 2-4-10 钢材的拉伸性能

牌号	质量等级	拉伸试验①,②,③ 下屈服强度 R_{eL}/MPa 公称厚度(直径,边长)/mm ≤16	>16~40	>40~63	>63~80	>80~100	>100~150	>150~200	>200~250	>250~400	抗拉强度 R_m/MPa 公称厚度(直径,边长)/mm ≤40	>40~63	>63~80	>80~100	>100~150	>150~250	>250~400	伸长率(断后)A/% 公称厚度(直径,边长)/mm ≤40	>40~63	>63~100	>100~150	>150~250	>250~400
Q345	A	≥345	≥335	≥325	≥315	≥305	≥285	≥275	≥265	—	470~630	470~630	470~630	470~630	450~600	450~600	—	≥20	≥19	≥19	≥18	≥17	—
	B																						
	C																	≥21	≥20	≥20	≥19	≥18	
	D									≥265							450~600						≥17
	E																						
Q390	A B C D E	≥390	≥370	≥350	≥330	≥330	≥310	—	—	—	490~650	490~650	490~650	490~650	470~620	—	—	≥20	≥19	≥19	≥18	—	—
Q420	A B C D E	≥420	≥400	≥380	≥360	≥360	≥340	—	—	—	520~680	520~680	520~680	520~680	500~650	—	—	≥19	≥18	≥18	≥18	—	—
Q460	C D E	≥460	≥440	≥420	≥400	≥400	≥380	—	—	—	550~720	550~720	550~720	550~720	530~700	—	—	≥17	≥16	≥16	≥16	—	—
Q500	C D E	≥500	≥480	≥470	≥450	≥440	—	—	—	—	610~770	600~760	590~750	540~730	—	—	—	≥17	≥17	≥17	—	—	—
Q550	C D E	≥550	≥530	≥520	≥500	≥490	—	—	—	—	670~830	620~810	600~790	590~780	—	—	—	≥16	≥16	≥16	—	—	—
Q620	C D E	≥620	≥600	≥590	≥570	—	—	—	—	—	710~880	690~880	670~860	—	—	—	—	≥15	≥15	≥15	—	—	—
Q690	C D E	≥690	≥670	≥660	≥640	—	—	—	—	—	770~940	750~920	730~900	—	—	—	—	≥14	≥14	≥14	—	—	—

① 当屈服不明显时，可测量 $R_{p0.2}$ 代替下屈服强度。
② 宽度不小于 600mm 扁平材，拉伸试验取横向试样。宽度小于 600mm 的扁平材、型材及棒材取纵向试样，断后伸长率最小值相应提高 1%（绝对值）。
③ 厚度 >250~400mm 的数值适用于扁平材。

表 2-4-11　夏比（V形）冲击试验的试验温度和冲击吸收能量

牌　号	质量等级	试验温度/℃	冲击吸收能量 K_{V_2}①/J		
			公称厚度（直径、边长）/mm		
			12～150	>150～250	>250～400
Q345	B	20	≥34	≥27	—
	C	0			
	D	-20			27
	E	-40			
Q390	B	20	≥34	—	—
	C	0			
	D	-20			
	E	-40			
Q420	B	20	≥34	—	—
	C	0			
	D	-20			
	E	-40			
Q460	C	0	≥34	—	—
	D	-20		—	—
	E	-40		—	—
Q500、Q550、Q620、Q690	C	0	≥55	—	—
	D	-20	≥47	—	—
	E	-40	≥31	—	—

① 冲击试验取纵向试样。

第3章 国内外热轧型钢的尺寸、规格

3.1 H型钢尺寸规格

3.1.1 美国H型钢尺寸规格

美国热轧不同牌号H型钢各部尺寸规格（ASTM A6/A6M—2009）如表3-1-1～表3-1-3所示。

表3-1-1 W型钢尺寸规格

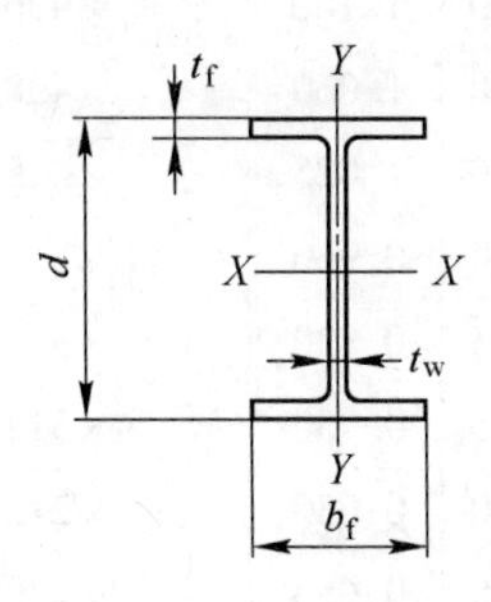

牌号［公称高度(in)和重量(lb/lft)］	面积 A /in^2	高度 d /in	凸缘 宽度 b_f /in	凸缘 厚度① t_f/in	腹板厚度① t_w/in	牌号［公称高度(mm)和重量(kg/m)］	面积 A /mm^2	高度 d /mm	凸缘 宽度 b_f /mm	凸缘 厚度① t_f /mm	腹板厚度① t_w/mm
W44×335	98.7	44.02	15.945	1.770	1.025	W1100×499	63500	1118	405	45.0	26.0
×290	85.8	43.62	15.825	1.575	0.865	×433	55100	1108	402	40.0	22.0
×262	77.2	43.31	15.750	1.415	0.785	×390	49700	1100	400	36.0	20.0
×230	67.9	42.91	15.750	1.220	0.710	×343	43600	1090	400	31.0	18.0
W40×593	174.4	42.99	16.690	3.230	1.790	W1000×883	112500	1092	424	82.0	45.5
×503	147.8	42.05	16.415	2.755	1.535	×748	95300	1068	417	70.0	39.0
×431	126.7	41.26	16.220	2.360	1.340	×642	81800	1048	412	60.0	34.0
×397	117.0	40.95	16.120	2.200	1.220	×591	75300	1040	409	55.9	31.0
×372	109.4	40.63	16.065	2.045	1.160	×554	70600	1032	408	52.0	29.5
×362	107.0	40.55	16.020	2.010	1.120	×539	68700	1030	407	51.1	28.4

续表 3-1-1

牌号[公称高度(in)和重量(lb/lft)]	面积 A /in²	高度 d /in	凸缘		腹板厚度① t_w/in	牌号[公称高度(mm)和重量(kg/m)]	面积 A /mm²	高度 d /mm	凸缘		腹板厚度① t_w/mm
			宽度 b_f /in	厚度① t_f/in					宽度 b_f /mm	厚度① t_f /mm	
×324	95.3	40.16	15.910	1.810	1.000	×483	61500	1020	404	46.0	25.4
×297	87.4	39.84	15.825	1.650	0.930	×443	56400	1012	402	41.9	23.6
×277	81.3	39.69	15.830	1.575	0.830	×412	52500	1008	402	40.0	21.1
×249	73.3	39.38	15.750	1.420	0.750	×371	47300	1000	400	36.1	19.0
×215	63.3	38.98	15.750	1.220	0.650	×321	40800	990	400	31.0	16.5
×199	58.4	38.67	15.750	1.065	0.650	×296	37700	982	400	27.1	16.5
W40×392	115.3	41.57	12.360	2.520	1.415	W1000×584	74400	1056	314	64.0	36.0
×331	97.5	40.79	12.165	2.125	1.220	×494	62900	1036	309	54.0	31.0
×327	95.9	40.79	12.130	2.130	1.180	×486	61900	1036	308	54.1	30.0
×294	86.2	40.39	12.010	1.930	1.060	×438	55600	1026	305	49.0	26.9
×278	81.9	40.16	11.970	1.810	1.025	×415	52800	1020	304	46.0	26.0
×264	77.6	40.00	11.930	1.730	0.960	×393	50100	1016	303	43.9	24.4
×235	68.9	39.69	11.890	1.575	0.830	×350	44600	1008	302	40.0	21.1
×211	62.0	39.37	11.810	1.415	0.750	×314	40000	1000	300	35.9	19.1
×183	53.7	38.98	11.810	1.200	0.650	×272	34600	990	300	31.0	16.5
×167	49.1	38.59	11.810	1.025	0.650	×249	31700	980	300	26.0	16.5
×149	43.8	38.20	11.810	0.830	0.630	×222	28200	970	300	21.1	16.0
W36×652	191.7	41.05	17.575	3.540	1.970	W920×970	123700	1043	446	89.9	50.0
×529	155.6	39.79	17.220	2.910	1.610	×787	100400	1011	437	73.9	40.9
×487	143.2	39.33	17.105	2.680	1.500	×725	92400	999	434	68.1	38.1
×441	129.7	38.85	16.965	2.440	1.360	×656	83700	987	431	62.0	34.5
×395	116.2	38.37	16.830	2.200	1.220	×588	75000	975	427	55.9	31.0
×361	106.1	37.99	16.730	2.010	1.120	×537	68500	965	425	51.1	28.4
×330	97.0	37.67	16.630	1.850	1.020	×491	62600	957	422	47.0	25.9
×302	88.8	37.33	16.655	1.680	0.945	×449	57600	948	423	42.7	24.0
×282	82.9	37.11	16.595	1.570	0.885	×420	53500	943	422	39.9	22.5
×262	77.0	36.85	16.550	1.440	0.840	×390	49700	936	420	36.6	21.3
×247	72.5	36.67	16.510	1.350	0.800	×368	46800	931	419	34.3	20.3
×231	68.0	36.49	16.470	1.260	0.760	×344	43900	927	418	32.0	19.3
W36×256	75.4	37.43	12.215	1.730	0.960	W920×381	48600	951	310	43.9	24.4
×232	68.1	37.12	12.120	1.570	0.870	×345	44000	943	308	39.9	22.1

续表 3-1-1

牌号[公称高度(in)和重量(lb/lft)]	面积 A /in^2	高度 d /in	凸缘 宽度 b_f /in	凸缘 厚度① t_f/in	腹板厚度① t_w/in	牌号[公称高度(mm)和重量(kg/m)]	面积 A /mm^2	高度 d /mm	凸缘 宽度 b_f /mm	凸缘 厚度① t_f /mm	腹板厚度① t_w/mm
×210	61.8	36.69	12.180	1.360	0.830	×313	39900	932	309	34.5	21.1
×194	57.0	36.49	12.115	1.260	0.765	×289	36800	927	308	32.0	19.4
×182	53.6	36.33	12.075	1.180	0.725	×271	34600	923	307	30.0	18.4
×170	50.0	36.17	12.030	1.100	0.680	×253	32300	919	306	27.9	17.3
×160	47.0	36.01	12.000	1.020	0.650	×238	30300	915	305	25.9	16.5
×150	44.2	35.85	11.975	0.940	0.625	×223	28500	911	304	23.9	15.9
×135	39.7	35.55	11.950	0.790	0.600	×201	25600	903	304	20.1	15.2
W33×387	114.0	35.95	16.200	2.280	1.260	W840×576	73500	913	411	57.9	32.0
×354	104.1	35.55	16.100	2.090	1.160	×527	67200	903	409	53.1	29.5
×318	93.5	35.16	15.985	1.890	1.040	×473	60300	893	406	48.0	26.4
×291	85.6	34.84	15.905	1.730	0.960	×433	55200	885	404	43.9	24.4
×263	77.4	34.53	15.805	1.570	0.870	×392	49900	877	401	39.9	22.1
×241	70.9	34.18	15.860	1.400	0.830	×359	45700	868	403	35.6	21.1
×221	65.0	33.93	15.805	1.275	0.775	×329	41900	862	401	32.4	19.7
×201	59.1	33.68	15.745	1.150	0.715	×299	38100	855	400	29.2	18.2
W33×169	49.5	33.82	11.500	1.220	0.670	W840×251	31900	859	292	31.0	17.0
×152	44.7	33.49	11.565	1.055	0.635	×226	28800	851	294	26.8	16.1
×141	41.6	33.30	11.535	0.960	0.605	×210	26800	846	293	24.4	15.4
×130	38.3	33.09	11.510	0.855	0.580	×193	24700	840	292	21.7	14.7
×118	34.7	32.86	11.480	0.740	0.550	×176	22400	835	292	18.8	14.0
W30×391	115.0	33.19	15.590	2.440	1.360	W760×582	74200	843	396	62.0	34.5
×357	104.8	32.80	15.470	2.240	1.240	×531	67600	833	393	56.9	31.5
×326	95.7	32.40	15.370	2.050	1.140	×484	61700	823	390	52.1	29.0
×292	85.7	32.01	15.255	1.850	1.020	×434	55300	813	387	47.0	25.9
×261	76.7	31.61	15.155	1.650	0.930	×389	49500	803	385	41.9	23.6
×235	69.0	31.30	15.055	1.500	0.830	×350	44500	795	382	38.1	21.1
×211	62.0	30.94	15.105	1.315	0.775	×314	40000	786	384	33.4	19.7
×191	56.1	30.68	15.040	1.185	0.710	×284	36200	779	382	30.1	18.0
×173	50.8	30.44	14.985	1.065	0.655	×257	32800	773	381	27.1	16.6
W30×148	43.5	30.67	10.480	1.180	0.650	W760×220	28100	779	266	30.0	16.5

续表 3-1-1

牌号［公称高度(in)和重量(lb/lft)］	面积 A /in^2	高度 d /in	凸缘		腹板厚度① t_w/in	牌号［公称高度(mm)和重量(kg/m)］	面积 A /mm^2	高度 d /mm	凸缘		腹板厚度① t_w/mm
			宽度 b_f /in	厚度① t_f/in					宽度 b_f /mm	厚度① t_f /mm	
×132	38.9	30.31	10.545	1.000	0.615	×196	25100	770	268	25.4	15.6
×124	36.5	30.17	10.515	0.930	0.585	×185	23500	766	267	23.6	14.9
×116	34.2	30.01	10.495	0.850	0.565	×173	22100	762	267	21.6	14.4
×108	31.7	29.83	10.475	0.760	0.545	×161	20500	758	266	19.3	13.8
×99	29.1	29.65	10.450	0.670	0.520	×147	18800	753	265	17.0	13.2
×90	26.4	29.53	10.400	0.610	0.470	×134	17000	750	264	15.5	11.9
W27×539	158.4	32.52	15.255	3.540	1.970	W690×802	102200	826	387	89.9	50.0
×368	108.1	30.39	14.665	2.480	1.380	×548	69800	772	372	63.0	35.1
×336	98.7	30.0	14.550	2.280	1.260	×500	63700	762	369	57.9	32.0
×307	90.2	29.61	14.445	2.090	1.160	×457	58200	752	367	53.1	29.5
×281	82.6	29.29	14.350	1.930	1.060	×419	53300	744	364	49.0	26.9
×258	75.7	28.98	14.270	1.770	0.980	×384	48900	736	362	45.0	24.9
×235	69.1	28.66	14.190	1.610	0.910	×350	44600	728	360	40.9	23.1
×217	63.8	28.43	14.115	1.500	0.830	×323	41100	722	359	38.1	21.1
×194	57.0	28.11	14.035	1.340	0.750	×289	36800	714	356	34.0	19.0
×178	52.3	27.81	14.085	1.190	0.725	×265	33700	706	358	30.2	18.4
×161	47.4	27.59	14.020	1.080	0.660	×240	30600	701	356	27.4	16.8
×146	42.9	27.38	13.965	0.975	0.605	×217	27700	695	355	24.8	15.4
W27×129	37.8	27.63	10.010	1.100	0.610	W690×192	24400	702	254	27.9	15.5
×114	33.5	27.29	10.070	0.930	0.570	×170	21600	693	256	23.6	14.5
×102	30.0	27.09	10.015	0.830	0.515	×152	19400	688	254	21.1	13.1
×94	27.7	26.92	9.990	0.745	0.490	×140	17900	684	254	18.9	12.4
×84	24.8	26.71	9.960	0.640	0.460	×125	16000	678	253	16.3	11.7
W24×370	108.0	27.99	13.660	2.720	1.520	W610×551	70200	711	347	69.1	38.6
×335	98.4	27.52	13.520	2.480	1.380	×498	63500	699	343	63.0	35.1
×306	89.8	27.13	13.405	2.280	1.260	×455	57900	689	340	57.9	32.0
×279	82.0	26.73	13.305	2.090	1.160	×415	52900	679	338	53.1	29.5
×250	73.5	26.34	13.185	1.890	1.040	×372	47400	669	335	48.0	26.4
×229	67.2	26.02	13.110	1.730	0.960	×341	43400	661	333	43.9	24.4
×207	60.7	25.71	13.010	1.570	0.870	×307	39100	653	330	39.9	22.1
×192	56.3	25.47	12.950	1.460	0.810	×285	36100	647	329	37.1	20.6

续表 3-1-1

牌号[公称高度(in)和重量(lb/lft)]	面积 A /in^2	高度 d /in	凸缘 宽度 b_f /in	凸缘 厚度① t_f/in	腹板厚度① t_w/in	牌号[公称高度(mm)和重量(kg/m)]	面积 A /mm^2	高度 d /mm	凸缘 宽度 b_f /mm	凸缘 厚度① t_f /mm	腹板厚度① t_w/mm
×176	51.7	25.24	12.890	1.340	0.750	×262	33300	641	327	34.0	19.0
×162	47.7	25.00	12.955	1.220	0.705	×241	30800	635	329	31.0	17.9
×146	43.0	24.74	12.900	1.090	0.650	×217	27700	628	328	27.7	16.5
×131	38.5	24.48	12.855	0.960	0.605	×195	24800	622	327	24.4	15.4
×117	34.4	24.26	12.800	0.850	0.550	×174	22200	616	325	21.6	14.0
×104	30.6	24.06	12.750	0.750	0.500	×155	19700	611	324	19.0	12.7
W24×103	30.3	24.53	9.000	0.980	0.550	W610×153	19600	623	229	24.9	14.0
×94	27.7	24.31	9.065	0.875	0.515	×140	17900	617	230	22.2	13.1
×84	24.7	24.10	9.020	0.770	0.470	×125	15900	612	229	19.6	11.9
×76	22.4	23.92	8.990	0.680	0.440	×113	14500	608	228	17.3	11.2
×68	20.1	23.73	8.965	0.585	0.415	×101	13000	603	228	14.9	10.5
W24×62	18.2	23.74	7.040	0.590	0.430	W610×92	11700	603	179	15.0	10.9
×55	16.2	23.57	7.005	0.505	0.395	×82	10500	599	178	12.8	10.0
W21×201	59.2	23.03	12.575	1.630	0.910	W530×300	38200	585	319	41.4	23.1
×182	53.7	22.72	12.500	1.480	0.830	×272	34600	577	317	37.6	21.1
×166	48.9	22.48	12.420	1.360	0.750	×248	31500	571	315	34.5	19.0
×147	43.2	22.06	12.510	1.150	0.720	×219	27900	560	318	29.2	18.3
×132	38.8	21.83	12.440	1.035	0.650	×196	25000	554	316	26.3	16.5
×122	35.9	21.68	12.390	0.960	0.600	×182	23200	551	315	24.4	15.2
×111	32.7	21.51	12.340	0.875	0.550	×165	21100	546	313	22.2	14.0
×101	29.8	21.36	12.290	0.800	0.500	×150	19200	543	312	20.3	12.7
W21×93	27.3	21.62	8.420	0.930	0.580	W530×138	17600	549	214	23.6	14.7
×83	24.3	21.43	8.355	0.835	0.515	×123	15700	544	212	21.2	13.1
×73	21.5	21.24	8.295	0.740	0.455	×109	13900	539	211	18.8	11.6
×68	20.0	21.13	8.270	0.685	0.430	×101	12900	537	210	17.4	10.9
×62	18.3	20.99	8.240	0.615	0.400	×92	11800	533	209	15.6	10.2
×55	16.2	20.80	8.220	0.522	0.375	×82	10500	528	209	13.3	9.50
×48	14.1	20.62	8.140	0.430	0.350	×72	9180	524	207	10.9	9.00
W21×57	16.7	21.06	6.555	0.650	0.405	W530×85	10800	535	166	16.5	10.3
×50	14.7	20.83	6.530	0.535	0.380	×74	9480	529	166	13.6	9.7

续表 3-1-1

牌号［公称高度(in)和重量(lb/lft)］	面积 A /in²	高度 d /in	凸缘		腹板厚度① t_w/in	牌号［公称高度(mm)和重量(kg/m)］	面积 A /mm²	高度 d /mm	凸缘		腹板厚度① t_w/mm
			宽度 b_f /in	厚度① t_f/in					宽度 b_f /mm	厚度① t_f /mm	
×44	13.0	20.66	6.500	0.450	0.350	×66	8390	525	165	11.4	8.9
W18×311	91.5	22.32	12.005	2.740	1.520	W460×464	59100	567	305	69.6	38.6
×283	83.2	21.85	11.890	2.500	1.400	×421	53700	555	302	63.5	35.6
×258	75.9	21.46	11.770	2.300	1.280	×384	49000	545	299	58.4	32.5
×234	68.8	21.06	11.650	2.110	1.160	×349	44400	535	296	53.6	29.5
×211	62.1	20.67	11.555	1.910	1.060	×315	40100	525	293	48.5	26.9
×192	56.4	20.35	11.455	1.750	0.960	×286	36400	517	291	44.4	24.4
×175	51.3	20.04	11.375	1.590	0.890	×260	33100	509	289	40.4	22.6
×158	46.3	19.72	11.300	1.440	0.810	×235	29900	501	287	36.6	20.6
×143	42.1	19.49	11.220	1.320	0.730	×213	27100	495	285	33.5	18.5
×130	38.2	19.25	11.160	1.200	0.670	×193	24700	489	283	30.5	17.0
×119	35.1	18.97	11.265	1.060	0.655	×177	22600	482	286	26.9	16.6
×106	31.1	18.73	11.200	0.940	0.590	×158	20100	476	284	23.9	15.0
×97	28.5	18.59	11.145	0.870	0.535	×144	18400	472	283	22.1	13.6
×86	25.3	18.39	11.090	0.770	0.480	×128	16300	467	282	19.6	12.2
×76	22.3	18.21	11.035	0.680	0.425	×113	14400	463	280	17.3	10.8
W18×71	20.8	18.47	7.635	0.810	0.495	W460×106	13400	469	194	20.6	12.6
×65	19.1	18.35	7.590	0.750	0.450	×97	12300	466	193	19.0	11.4
×60	17.6	18.24	7.555	0.695	0.415	×89	11400	463	192	17.7	10.5
×55	16.2	18.11	7.530	0.630	0.390	×82	10500	460	191	16.0	9.9
×50	14.7	17.99	7.495	0.570	0.355	×74	9480	457	190	14.5	9.0
W18×46	13.5	18.06	6.060	0.605	0.360	W460×68	8710	459	154	15.4	9.1
×40	11.8	17.90	6.015	0.525	0.315	×60	7610	455	153	13.3	8.0
×35	10.3	17.70	6.000	0.425	0.300	×52	6650	450	152	10.8	7.6
W16×100	29.4	16.97	10.425	0.985	0.585	W410×149	19000	431	265	25.0	14.9
×89	26.2	16.75	10.365	0.875	0.525	×132	16900	425	263	22.2	13.3
×77	22.6	16.52	10.295	0.760	0.455	×114	14600	420	261	19.3	11.6
×67	19.7	16.33	10.235	0.665	0.395	×100	12700	415	260	16.9	10.0
W16×57	16.8	16.43	7.120	0.715	0.430	W410×85	10800	417	181	18.2	10.9
×50	14.7	16.26	7.070	0.630	0.380	×75	9480	413	180	16.0	9.7

续表 3-1-1

牌号[公称高度(in)和重量(lb/lft)]	面积A/in^2	高度d/in	凸缘		腹板厚度①t_w/in	牌号[公称高度(mm)和重量(kg/m)]	面积A/mm^2	高度d/mm	凸缘		腹板厚度①t_w/mm
			宽度b_f/in	厚度①t_f/in					宽度b_f/mm	厚度①t_f/mm	
×45	13.3	16.13	7.035	0.565	0.345	×67	8580	410	179	14.4	8.8
×40	11.8	16.01	6.995	0.505	0.305	×60	7610	407	178	12.8	7.7
×36	10.6	15.86	6.985	0.430	0.295	×53	6840	403	177	10.9	7.5
W16×31	9.12	15.88	5.525	0.440	0.275	W410×46.1	5880	403	140	11.2	7.0
×26	7.68	15.69	5.500	0.345	0.250	×38.8	4950	399	140	8.8	6.4
W14×730	215.0	22.42	17.890	4.910	3.070	W360×1086	139000	569	454	125.0	78.0
×665	196.0	21.64	17.650	4.520	2.830	×990	126000	550	448	115.0	71.9
×605	178.0	20.92	17.415	4.160	2.595	×900	115000	531	442	106.0	65.9
×550	162.0	20.24	17.200	3.820	2.380	×818	105000	514	437	97.0	60.5
×500	147.0	19.60	17.010	3.500	2.190	×744	94800	498	432	88.9	55.6
×455	134.0	19.02	16.835	3.210	2.015	×677	86500	483	428	81.5	51.2
×426	125.0	18.67	16.695	3.035	1.875	×634	80600	474	424	77.1	47.6
×398	117.0	18.29	16.590	2.845	1.770	×592	75500	465	421	72.3	45.0
×370	109.0	17.92	16.475	2.660	1.655	×551	70300	455	418	67.6	42.0
×342	101.0	17.54	16.360	2.470	1.540	×509	65200	446	416	62.7	39.1
×311	91.4	17.12	16.230	2.260	1.410	×463	59000	435	412	57.4	35.8
×283	83.3	16.74	16.110	2.070	1.290	×421	53700	425	409	52.6	32.8
×257	75.6	16.38	15.995	1.890	1.175	×382	48800	416	406	48.0	29.8
×233	68.5	16.04	15.890	1.720	1.070	×347	44200	407	404	43.7	27.2
×211	62.0	15.72	15.800	1.560	0.980	×314	40000	399	401	39.6	24.9
×193	56.8	15.48	15.710	1.440	0.890	×287	36600	393	399	36.6	22.6
×176	51.8	15.22	15.650	1.310	0.830	×262	33400	387	398	33.3	21.1
×159	46.7	14.98	15.565	1.190	0.745	×237	30100	380	395	30.2	18.9
×145	42.7	14.78	15.500	1.090	0.680	×216	27500	375	394	27.7	17.3
W14×132	38.8	14.66	14.725	1.030	0.645	W360×196	25000	372	374	26.2	16.4
×120	35.3	14.48	14.670	0.940	0.590	×179	22800	368	373	23.9	15.0
×109	32.0	14.32	14.605	0.860	0.525	×162	20600	364	371	21.8	13.3
×99	29.1	14.16	14.565	0.780	0.485	×147	18800	360	370	19.8	12.3
×90	26.5	14.02	14.520	0.710	0.440	×134	17100	356	369	18.0	11.2
W14×82	24.1	14.31	10.130	0.855	0.510	W360×122	15500	363	257	21.7	13.0

续表 3-1-1

牌号[公称高度(in)和重量(lb/lft)]	面积 A /in²	高度 d /in	凸缘 宽度 b_f /in	凸缘 厚度① t_f/in	腹板厚度① t_w/in	牌号[公称高度(mm)和重量(kg/m)]	面积 A /mm²	高度 d /mm	凸缘 宽度 b_f /mm	凸缘 厚度① t_f /mm	腹板厚度① t_w/mm
×74	21.8	14.17	10.070	0.785	0.450	×110	14100	360	256	19.9	11.4
×68	20.0	14.04	10.035	0.720	0.415	×101	12900	357	255	18.3	10.5
×61	17.9	13.89	9.995	0.645	0.375	×91	11500	353	254	16.4	9.5
W14×53	15.6	13.92	8.060	0.660	0.370	W360×79	10100	354	205	16.8	9.4
×48	14.1	13.79	8.030	0.595	0.340	×72	9100	350	204	15.1	8.6
×43	12.6	13.66	7.995	0.530	0.305	×64	8130	347	203	13.5	7.7
W14×38	11.2	14.10	6.770	0.515	0.310	W360×58	7230	358	172	13.1	7.9
×34	10.0	13.98	6.745	0.455	0.285	×51	6450	355	171	11.6	7.2
×30	8.85	13.84	6.730	0.385	0.270	×44.6	5710	352	171	9.8	6.9
W14×26	7.69	13.91	5.025	0.420	0.255	W360×39.0	4960	353	128	10.7	6.5
×22	6.49	13.74	5.000	0.335	0.230	×32.9	4190	349	127	8.5	5.8
W12×336	98.8	16.82	13.385	2.955	1.775	W310×500	63700	427	340	75.1	45.1
×305	89.6	16.32	13.235	2.705	1.625	×454	57800	415	336	68.7	41.3
×279	81.9	15.85	13.140	2.470	1.530	×415	52800	403	334	62.7	38.9
×252	74.1	15.41	13.005	2.250	1.395	×375	47800	391	330	57.2	35.4
×230	67.7	15.05	12.895	2.070	1.285	×342	43700	382	328	52.6	32.6
×210	61.8	14.71	12.790	1.900	1.180	×313	39900	374	325	48.3	30.0
×190	55.8	14.38	12.670	1.735	1.060	×283	36000	365	322	44.1	26.9
×170	50.0	14.03	12.570	1.560	0.960	×253	32300	356	319	39.6	24.4
×152	44.7	13.71	12.480	1.400	0.870	×226	28800	348	317	35.6	22.1
×136	39.9	13.41	12.400	1.250	0.790	×202	25700	341	315	31.8	20.1
×120	35.3	13.12	12.320	1.105	0.710	×179	22800	333	313	28.1	18.0
×106	31.2	12.89	12.220	0.990	0.610	×158	20100	327	310	25.1	15.5
×96	28.2	12.71	12.160	0.900	0.550	×143	18200	323	309	22.9	14.0
×87	25.6	12.53	12.125	0.810	0.515	×129	16500	318	308	20.6	13.1
×79	23.2	12.38	12.080	0.735	0.470	×117	15000	314	307	18.7	11.9
×72	21.1	12.25	12.040	0.670	0.430	×107	13600	311	306	17.0	10.9
×65	19.1	12.12	12.000	0.605	0.390	×97	12300	308	305	15.4	9.9
W12×58	17.0	12.19	10.010	0.640	0.360	W310×86	11000	310	254	16.3	9.1

续表 3-1-1

牌号［公称高度(in)和重量(lb/lft)］	面积 A /in^2	高度 d /in	凸缘		腹板厚度① t_w/in	牌号［公称高度(mm)和重量(kg/m)］	面积 A /mm^2	高度 d /mm	凸缘		腹板厚度① t_w/mm
			宽度 b_f /in	厚度① t_f/in					宽度 b_f /mm	厚度① t_f /mm	
×53	15.6	12.06	9.995	0.575	0.345	×79	10100	306	254	14.6	8.8
W12×50	14.7	12.19	8.080	0.640	0.370	W310×74	9480	310	205	16.3	9.4
×45	13.2	12.06	8.045	0.575	0.335	×67	8520	306	204	14.6	8.5
×40	11.8	11.94	8.005	0.515	0.295	×60	7610	303	203	13.1	7.5
W12×35	10.3	12.50	6.560	0.520	0.300	W310×52	6650	317	167	13.2	7.6
×30	8.79	12.34	6.520	0.440	0.260	×44.5	5670	313	166	11.2	6.6
×26	7.65	12.22	6.490	0.380	0.230	×38.7	4940	310	165	9.7	5.8
W12×22	6.48	12.31	4.030	0.425	0.260	W310×32.7	4180	313	102	10.8	6.6
×19	5.57	12.16	4.005	0.350	0.235	×28.3	3590	309	102	8.9	6.0
×16	4.71	11.99	3.990	0.265	0.220	×23.8	3040	305	101	6.7	5.6
×14	4.16	11.91	3.970	0.225	0.200	×21.0	2680	303	101	5.7	5.1
W10×112	32.9	11.36	10.415	1.250	0.755	W250×167	21200	289	265	31.8	19.2
×100	29.4	11.10	10.340	1.120	0.680	×149	19000	282	263	28.4	17.3
×88	25.9	10.84	10.265	0.990	0.605	×131	16700	275	261	25.1	15.4
×77	22.6	10.60	10.190	0.870	0.530	×115	14600	269	259	22.1	13.5
×68	20.0	10.40	10.130	0.770	0.470	×101	12900	264	257	19.6	11.9
×60	17.6	10.22	10.080	0.680	0.420	×89	11400	260	256	17.3	10.7
×54	15.8	10.09	10.030	0.615	0.370	×80	10200	256	255	15.6	9.4
×49	14.4	9.98	10.000	0.560	0.340	×73	9290	253	254	14.2	8.6
W10×45	13.3	10.10	8.020	0.620	0.350	W250×67	8580	257	204	15.7	8.9
×39	11.5	9.92	7.985	0.530	0.315	×58	7420	252	203	13.5	8.0
×33	9.71	9.73	7.960	0.435	0.290	×49.1	6260	247	202	11.0	7.4
W10×30	8.84	10.47	5.810	0.510	0.300	W250×44.8	5700	266	148	13.0	7.6
×26	7.61	10.33	5.770	0.440	0.260	×38.5	4910	262	147	11.2	6.6
×22	6.49	10.17	5.750	0.360	0.240	×32.7	4190	258	146	9.1	6.1
W10×19	5.62	10.24	4.020	0.395	0.250	W250×28.4	3630	260	102	10.0	6.4
×17	4.99	10.11	4.010	0.330	0.240	×25.3	3220	257	102	8.4	6.1
×15	4.41	9.99	4.000	0.270	0.230	×22.3	2850	254	102	6.9	5.8
×12	3.54	9.87	3.960	0.210	0.190	×17.9	2280	251	101	5.3	4.8
W8×67	19.7	9.00	8.280	0.935	0.570	W200×100	12700	229	210	23.7	14.5
×58	17.1	8.75	8.220	0.810	0.510	×86	11000	222	209	20.6	13.0
×48	14.1	8.50	8.110	0.685	0.400	×71	9100	216	206	17.4	10.2
×40	11.7	8.25	8.070	0.560	0.360	×59	7550	210	205	14.2	9.1

续表 3-1-1

牌号[公称高度(in)和重量(lb/lft)]	面积A/in²	高度d/in	凸缘 宽度b_f/in	凸缘 厚度①t_f/in	腹板厚度①t_w/in	牌号[公称高度(mm)和重量(kg/m)]	面积A/mm²	高度d/mm	凸缘 宽度b_f/mm	凸缘 厚度①t_f/mm	腹板厚度①t_w/mm
×35	10.3	8.12	8.020	0.495	0.310	×52	6650	206	204	12.6	7.9
×31	9.13	8.00	7.995	0.435	0.285	×46.1	5890	203	203	11.0	7.2
W8×28	8.25	8.06	6.535	0.465	0.285	W200×41.7	5320	205	166	11.8	7.2
×24	7.08	7.93	6.495	0.400	0.245	×35.9	4570	201	165	10.2	6.2
W8×21	6.16	8.28	5.270	0.400	0.250	W200×31.3	3970	210	134	10.2	6.4
×18	5.26	8.14	5.250	0.330	0.230	×26.6	3390	207	133	8.4	5.8
W8×15	4.44	8.11	4.015	0.315	0.245	W200×22.5	2860	206	102	8.0	6.2
×13	3.84	7.99	4.000	0.255	0.230	×19.3	2480	203	102	6.5	5.8
×10	2.96	7.89	3.940	0.205	0.170	×15.0	1910	200	100	5.2	4.3
W6×25	7.34	6.38	6.080	0.455	0.320	W150×37.1	4740	162	154	11.6	8.1
×20	5.87	6.20	6.020	0.365	0.260	×29.8	3790	157	153	9.3	6.6
×15	4.43	5.99	5.990	0.260	0.230	×22.5	2860	152	152	6.6	5.8
W6×16	4.74	6.28	4.030	0.405	0.260	W150×24.0	3060	160	102	10.3	6.6
×12	3.55	6.03	4.000	0.280	0.230	×18.0	2290	153	102	7.1	5.8
×9	2.68	5.90	3.940	0.215	0.170	×13.5	1730	150	100	5.5	4.3
×8.5	2.52	5.83	3.940	0.195	0.170	×13.0	1630	148	100	4.9	4.3
W5×19	5.54	5.15	5.030	0.430	0.270	W130×28.1	3590	131	128	10.9	6.9
×16	4.68	5.01	5.000	0.360	0.240	×23.8	3040	127	127	9.1	6.1
W4×13	3.83	4.16	4.060	0.345	0.280	W100×19.3	2470	106	103	8.8	7.1

①凸缘和腹板的精确厚度取决于轧机轧制质量，而这些尺寸的允许偏差没有提出。

表 3-1-2　M 型钢尺寸规格

牌号[公称高度(in)和重量(lb/lft)]	面积A/in²	高度d/in	凸缘 宽度b_f/in	凸缘 厚度①t_f/in	腹板厚度①t_w/in	牌号[公称高度(mm)和重量(kg/m)]	面积A/mm²	高度d/mm	凸缘 宽度b_f/mm	凸缘 厚度①t_f/mm	腹板厚度①t_w/mm
M12.5×12.4	3.66	12.534	3.750	0.228	0.1	M318×18.5	2361	318	95	5.8	3.9
×11.6	3.43	12.500	3.500	0.211	0.1	×17.3	2213	317	89	5.4	3.9
M12×11.8	3.47	12.00	3.065	0.225	0.1	M310×17.6	2240	305	78	5.7	4.5
×10.8	3.18	11.97	3.065	0.210	0.1	×16.1	2050	304	78	5.3	4.1
×10.0	2.94	11.97	3.250	0.180	0.1	M310×14.9	1900	304	83	4.6	3.8

续表 3-1-2

牌号[公称高度(in)和重量(lb/lft)]	面积 A /in^2	高度 d /in	凸缘		腹板厚度① t_w/in	牌号[公称高度(mm)和重量(kg/m)]	面积 A /mm^2	高度 d /mm	凸缘		腹板厚度① t_w/mm
			宽度 b_f /in	厚度① t_f/in					宽度 b_f /mm	厚度① t_f /mm	
M10×9.0	2.65	10.00	2.690	0.206	0.1	M250×13.4	1710	254	68	4.6	3.6
×8.0	2.35	9.95	2.690	0.182	0.1	×11.9	1520	253	68	5.2	4.0
M10×7.5	2.21	9.99	2.688	0.173	0.1	M250×11.2	1430	253	68	4.4	3.3
M8×6.5	1.92	8.00	2.281	0.189	0.1	M200×9.7	1240	203	57	4.8	3.4
×6.2	1.81	8.00	2.281	0.177	0.1	×9.2	1170	203	58	4.5	3.3
M6×4.4	1.29	6.00	1.844	0.171	0.1	M150×6.6	832	152	47	4.3	2.9
×3.7	1.09	5.92	2.000	0.129	0.0	×5.5	703	150	51	3.3	2.5
M5×18.9	5.55	5.00	5.003	0.416	0.3	M130×28.1	3580	127	127	10.6	8.0
M4×6.0	1.78	3.80	3.80	0.160	0.1	M100×8.9	1150	97	97	4.1	3.3
×4.08	1.20	4.00	2.250	0.170	0.1	×6.1	775	102	57	4.3	2.9
×3.45	1.029	4.00	2.250	0.130	0.0	×5.1	665	102	57	3.3	2.8
×3.2	0.94	4.00	2.250	0.130	0.0	×4.8	610	102	57	3.3	2.3
M3×2.9	0.853	3.00	2.250	0.130	0.090	M75×4.3	550	76	57	3.3	2.3

① 精确的凸缘和腹板厚度取决于轧机轧制工艺，而这些尺寸的允许偏差没有给出。

表 3-1-3　HP 型钢尺寸规格

牌号[公称高度(in)和重量(lb/lft)]	面积 A /in^2	高度 d /in	凸缘		腹板厚度① t_w/in	牌号[公称高度(mm)和重量(kg/m)]	面积 A /mm^2	高度 d /mm	凸缘		腹板厚度① t_w/mm
			宽度 b_f /in	厚度① t_f/in					宽度 b_f /mm	厚度① t_f /mm	
HP14×117	34.4	14.21	14.885	0.805	0.805	HP360×174	22200	361	378	20.4	20.4
×102	30.0	14.01	14.785	0.705	0.705	×152	19400	356	376	17.9	17.9
×89	26.1	13.83	14.695	0.615	0.615	×132	16800	351	373	15.6	15.6
×73	21.4	13.61	14.585	0.505	0.505	×108	13800	346	370	12.8	12.8
HP12×84	24.6	12.28	12.295	0.685	0.685	HP310×125	15900	312	312	17.4	17.4
×74	21.8	12.13	12.215	0.610	0.605	×110	14100	308	310	15.5	15.4
×63	18.4	11.94	12.125	0.515	0.515	×93	11900	303	308	13.1	13.1
×53	15.5	11.78	12.045	0.435	0.425	×79	10000	299	306	11.0	11.0
HP10×57	16.8	9.99	10.225	0.565	0.565	HP250×85	10800	254	260	14.4	14.4
×42	12.4	9.70	10.075	0.420	0.415	×62	8000	246	256	10.7	10.5
HP8×36	10.6	8.02	8.155	0.445	0.445	HP200×53	6840	204	207	11.3	11.3

① 精确的凸缘和腹板厚度取决于轧机轧制工艺，而这些尺寸的允许偏差没有给出。

3.1.2　日本 H 型钢尺寸规格

日本热轧 H 型钢标准截面尺寸、截面面积、单位重量及截面性能如表 3-1-4 所示。

表 3-1-4　H 型钢标准截面尺寸、截面面积、单位重量和截面特性

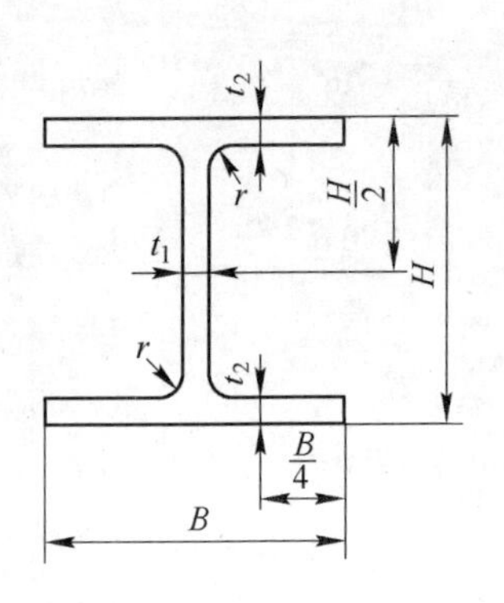

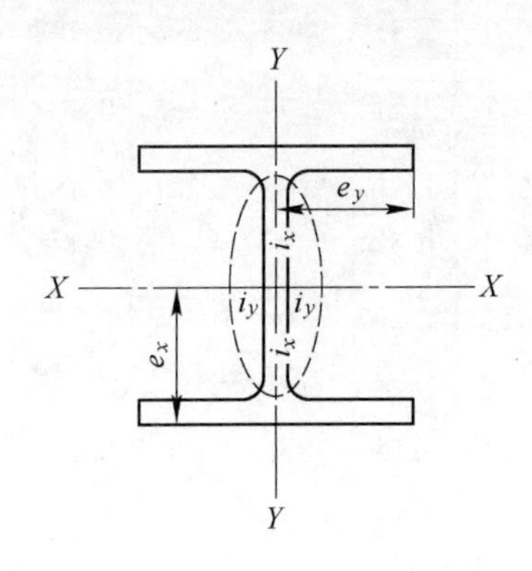

截面尺寸					截面面积 /cm²	单位重量 /kg·m⁻¹	截面特性					
公称尺寸（高×宽）/mm×mm	$H\times B$ /mm×mm	t_1 /mm	t_2 /mm	r /mm			惯性矩/cm⁴		惯性半径/cm		截面模数/cm³	
							I_x	I_y	i_x	i_y	Z_x	Z_y
100×50	100×50	5	7	8	11.85	9.30	187	14.8	3.98	1.12	37.5	5.91
100×100	100×100	6	8	8	21.59	16.9	378	134	4.18	2.49	75.6	26.7
125×60	125×60	6	8	8	16.69	13.1	409	29.1	4.95	1.32	65.5	9.71
125×125	125×125	6.5	9	8	30.00	23.6	839	293	5.29	3.13	134	46.9
150×75	150×75	5	7	8	17.85	14.0	666	49.5	6.11	1.66	88.8	13.2
150×100	148×100	6	9	8	26.35	20.7	1000	150	6.17	2.39	135	30.1
150×150	150×150	7	10	8	39.65	31.1	1620	563	6.40	3.77	216	75.1
175×90	175×90	5	8	8	22.90	18.0	1210	97.5	7.26	2.06	138	21.7
175×175	175×175	7.5	11	13	51.42	40.4	2900	984	7.50	4.37	331	112
200×100	*198×99	4.5	7	8	22.69	17.8	1540	113	8.25	2.24	156	22.9
	200×100	5.5	8	8	26.67	20.9	1810	134	8.23	2.24	181	26.7
200×150	194×150	6	9	8	38.11	29.9	2630	507	8.30	3.65	271	67.6

续表 3-1-4

截面尺寸					截面面积 /cm²	单位重量 /kg·m⁻¹	截面特性					
公称尺寸（高×宽）/mm×mm	$H\times B$ /mm×mm	t_1 /mm	t_2 /mm	r /mm			惯性矩/cm⁴		惯性半径/cm		截面模数/cm³	
							I_x	I_y	i_x	i_y	Z_x	Z_y
200×200	200×200	8	12	13	63.53	49.9	4720	1600	8.62	5.02	472	160
250×125	*248×124	5	8	8	31.99	25.1	3450	255	10.4	2.82	278	41.1
	250×125	6	9	8	36.97	29.0	3960	294	10.4	2.82	317	47.0
250×175	244×175	7	11	13	55.49	43.6	6040	984	10.4	4.21	495	112
250×250	250×250	9	14	13	91.43	71.8	10700	3650	10.8	6.32	860	292
300×150	*298×149	5.5	8	13	40.80	32.0	6320	442	12.4	3.29	424	59.3
	300×150	6.5	9	13	46.78	36.7	7210	508	12.4	3.29	481	67.7
300×200	294×200	8	12	13	71.05	55.8	11100	1600	12.5	4.75	756	160
300×300	300×300	10	15	13	118.5	93.0	20200	6750	13.1	7.55	1350	450
350×175	*346×174	6	9	13	52.45	41.2	11000	791	14.5	3.88	638	91.0
	350×175	7	11	13	62.91	49.4	13500	984	14.6	3.96	771	112
350×250	340×250	9	14	13	99.53	78.1	21200	3650	14.6	6.05	1250	292
350×350	350×350	12	19	13	171.9	135	39800	13600	15.2	8.89	2280	776
400×200	*396×199	7	11	13	71.41	56.1	19800	1450	16.6	4.50	999	145
	400×200	8	13	13	83.37	65.4	23500	1740	16.8	4.56	1170	174
400×300	390×300	10	16	13	133.2	105	37900	7200	16.9	7.35	1940	480
400×400	400×400	13	21	22	218.7	172	66600	22400	17.5	10.1	3330	1120
	*414×405	18	28	22	295.4	232	92800	31000	17.7	10.2	4480	1530
	*428×407	20	35	22	360.7	283	119000	39400	18.2	10.4	5570	1930
	*458×417	30	50	22	528.6	415	187000	60500	18.8	10.7	8170	2900
	*498×432	45	70	22	770.1	605	298000	94400	19.7	11.1	12000	4370

续表 3-1-4

公称尺寸（高×宽）/mm×mm	截面尺寸				截面面积 /cm^2	单位重量 /kg·m^{-1}	截面特性					
	$H\times B$ /mm×mm	t_1 /mm	t_2 /mm	r /mm			惯性矩/cm^4		惯性半径/cm		截面模数/cm^3	
							I_x	I_y	i_x	i_y	Z_x	Z_y
450×200	*446×199	8	12	13	82.97	65.1	28100	1580	18.4	4.36	1260	159
	450×200	9	14	13	95.43	74.9	32900	1870	18.6	4.43	1460	187
450×300	440×300	11	18	13	153.9	121	54700	8110	18.9	7.26	2490	540
500×200	*496×199	9	14	13	99.29	77.9	40800	1840	20.3	4.31	1650	185
	500×200	10	16	13	112.2	88.2	46800	2140	20.4	4.36	1870	214
500×300	*482×300	11	15	13	141.2	111	58300	6760	20.3	6.92	2420	450
	488×300	11	18	13	159.2	125	68900	8110	20.8	7.14	2820	540
600×200	*596×199	10	15	13	117.8	92.5	66600	1980	23.8	4.10	2240	199
	600×200	11	17	13	131.7	103	75600	2270	24.0	4.16	2520	227
600×300	*582×300	12	17	13	169.2	133	98900	7660	24.2	6.73	3400	511
	588×300	12	20	13	187.2	147	114000	9010	24.7	6.94	3890	601
	*594×302	14	23	13	217.1	170	134000	10600	24.8	6.98	4500	700
700×300	*692×300	13	20	18	207.5	163	168000	9020	28.5	6.59	4870	601
	700×300	13	24	18	231.5	182	197000	10800	29.2	6.83	5640	721
800×300	*792×300	14	22	18	239.5	188	248000	9920	32.2	6.44	6270	661
	800×300	14	26	18	263.5	207	286000	11700	33.0	6.67	7160	781
900×300	*890×299	15	23	18	266.9	210	339000	10300	35.6	6.20	7610	687
	900×300	16	28	18	305.8	240	404000	12600	36.4	6.43	8990	842
	*912×302	18	34	18	360.1	283	491000	15700	36.9	6.59	10800	1040
	*918×303	19	37	18	387.4	304	535000	17200	37.2	6.67	11700	1140

注：* 为非常规贸易规格。

3.1.3 欧洲 H 型钢尺寸规格

3.1.3.1 德国 DIN 1025-2

德国 IPB 系列型钢（DIN 1025-2）尺寸、重量和截面参数如表 3-1-5 所示。

表 3-1-5 IPB 系列型钢尺寸、重量和截面参数

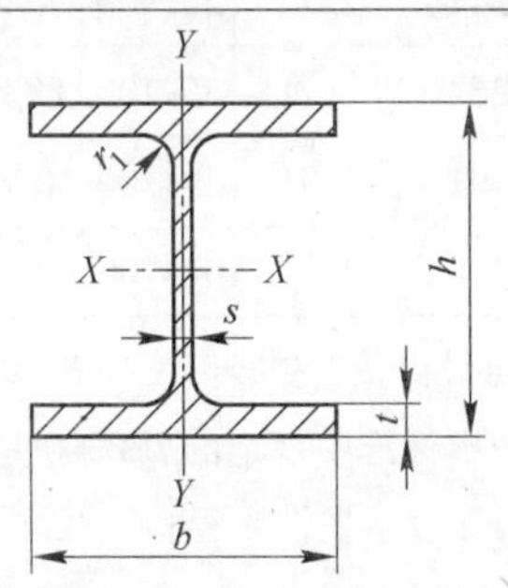

型钢代号	尺寸/mm					截面面积 /cm²	重量 /kg·m⁻¹	表面积 /m²·m⁻¹	截面参数①						S_X② /cm³	s_X③ /cm
									X—X			Y—Y				
	h	b	s	t	r_1				I_x /cm⁴	W_x /cm³	i_x /cm	I_y /cm⁴	W_y /cm³	i_y /cm		
IPB100	100	100	6	10	12	26.0	20.4	0.567	450	89.9	4.16	167	33.5	2.53	52.1	8.63
IPB120	120	120	6.5	11	12	34.0	26.7	0.686	864	144	5.04	318	52.9	3.06	82.6	10.5
IPB140	140	140	7	12	12	43.0	33.7	0.805	1510	216	5.93	550	78.5	3.58	123	12.3
IPB160	160	160	8	13	15	54.3	42.6	0.918	2490	311	6.78	889	111	4.05	177	14.1
IPB180	180	180	8.5	14	15	65.3	51.2	1.04	3830	426	7.66	1360	151	4.57	241	15.9
IPB200	200	200	9	15	18	78.1	61.3	1.15	5700	570	8.54	2000	200	5.07	321	17.7
IPB220	220	220	9.5	16	18	91.0	71.5	1.27	8090	736	9.43	2840	258	5.59	414	19.6
IPB240	240	240	10	17	21	106	83.2	1.38	11260	938	10.3	3920	327	6.08	527	21.4
IPB260	260	260	10	17.5	24	118	93.0	1.50	14920	1150	11.2	5130	395	6.58	641	23.3
IPB280	280	280	10.5	18	24	131	103	1.62	19270	1380	12.1	6590	471	7.09	767	25.1
IPB300	300	300	11	19	27	149	117	1.73	25170	1680	13.0	8560	571	7.58	934	26.9
IPB320	320	300	11.5	20.5	27	161	127	1.77	30820	1930	13.8	9240	616	7.57	1070	28.7
IPB340	340	300	12	21.5	27	171	134	1.81	36660	2160	14.6	9690	646	7.53	1200	30.4
IPB360	360	300	12.5	22.5	27	181	142	1.85	43190	2400	15.5	10140	676	7.49	1340	32.2
IPB400	400	300	13.5	24	27	198	155	1.93	57680	2880	17.1	10820	721	7.40	1620	35.7
IPB450	450	300	14	26	27	218	171	2.03	79890	3550	19.1	11720	781	7.33	1990	40.1
IPB500	500	300	14.5	28	27	239	187	2.12	107200	4290	21.2	12620	842	7.27	2410	44.5
IPB550	550	300	15	29	27	254	199	2.22	136700	4970	23.2	13080	872	7.17	2800	48.9
IPB600	600	300	15.5	30	27	270	212	2.32	171000	5700	25.2	13530	902	7.08	3210	53.2
IPB650	650	300	16	31	27	286	225	2.42	210600	6480	27.1	13980	932	6.99	3660	57.5

续表 3-1-5

型钢代号	尺寸/mm					截面面积 /cm²	重量 /kg·m⁻¹	表面积 /m²·m⁻¹	截面参数①						S_X② /cm³	s_X③ /cm
									X—X			Y—Y				
	h	b	s	t	r_1				I_x /cm⁴	W_x /cm³	i_x /cm	I_y /cm⁴	W_y /cm³	i_y /cm		
IPB700	700	300	17	32	27	306	241	2. 52	256900	7340	29. 0	14400	963	6. 87	4160	61. 7
IPB800	800	300	17. 5	33	30	334	262	2. 71	359100	8980	32. 8	14900	994	6. 68	5110	70. 2
IPB900	900	300	18. 5	35	30	371	291	2. 91	494100	10980	36. 5	15820	1050	6. 53	6290	78. 5
IPB1000	1000	300	19	36	30	400	314	3. 11	644700	12890	40. 1	16280	1090	6. 38	7430	86. 8

注：EURONORM 53—62 采用不同的符号代表型钢，但与其他规范中规定是等效的（即，EURONORM 53—62 中的 HE 300B 与本标准中规定的 IPB300 是等效的）。

① I 表示惯性矩，W 表示截面模数，i 表示惯性半径；

② S_X 表示横截面一半的惯性矩；

③ $s_X = I_X : S_X$，表示压应力中心和拉应力中心的距离。

3. 1. 3. 2 欧盟 EU 53—62

欧盟 H 型钢（EU 53—62）尺寸、重量和截面参数如表 3-1-6 所示。

表 3-1-6 欧盟 H 型钢尺寸、重量和截面参数

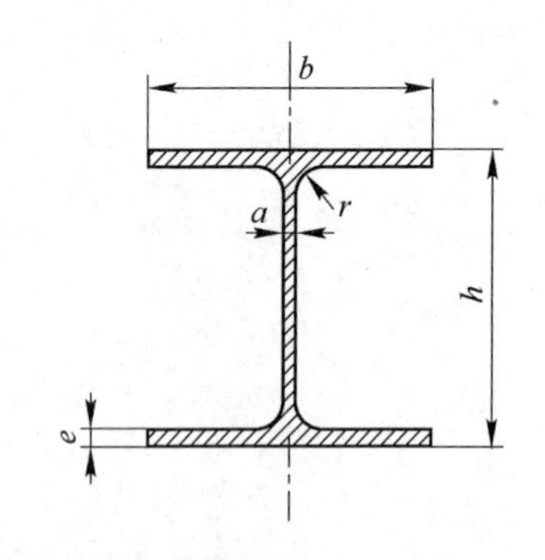

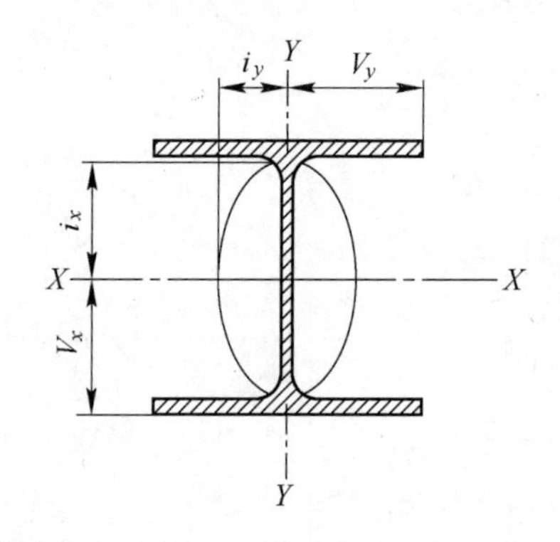

型号	重量 /kg·m⁻¹	截面面积 /cm²	尺寸/mm					截面参数					
								X—X			Y—Y		
			h	b	a	e	r	I_x /cm⁴	$\frac{I_x}{V_x}$ /cm³	i_x /cm	I_y /cm⁴	$\frac{I_y}{V_y}$ /cm³	i_y /cm
HE100A	16. 7	21. 2	96	100	5	8	12	349	73	4. 06	134	27	2. 51
HE100B	20. 4	26. 0	100	100	6	10	12	450	90	4. 16	167	33	2. 53
HE100M	41. 8	53. 2	120	106	12	20	12	1143	190	4. 63	399	75	2. 74

续表 3-1-6

型号	重量 /kg·m^{-1}	截面面积 /cm^2	尺寸/mm					截面参数					
								X—X			Y—Y		
			h	b	a	e	r	I_x /cm^4	$\frac{I_x}{V_x}$ /cm^3	i_x /cm	I_y /cm^4	$\frac{I_y}{V_y}$ /cm^3	i_y /cm
HE120A	19.9	25.3	114	120	5	8	12	606	106	4.89	231	38	3.02
HE120B	26.7	34.0	120	120	6.5	11	12	864	144	5.04	318	53	3.06
HE120M	52.1	66.4	140	126	12.5	21	12	2018	288	5.51	703	112	3.25
HE140A	24.7	31.4	133	140	5.5	8.5	12	1033	155	5.73	389	56	3.52
HE140B	33.7	43.0	140	140	7	12	12	1509	216	5.93	550	79	3.58
HE140M	63.2	80.6	160	146	13	22	12	3291	411	6.39	1144	157	3.77
HE160A	30.4	38.8	152	160	6	9	15	1673	220	6.57	616	77	3.98
HE160B	42.6	54.3	160	160	8	13	15	2492	311	6.78	889	111	4.05
HE160M	76.2	97.1	180	166	14	23	15	5098	566	7.25	1759	212	4.26
HE180A	35.5	45.3	171	180	6	9.5	15	2510	294	7.45	925	103	4.52
HE180B	51.2	65.3	180	180	8.5	14	15	3831	426	7.66	1363	151	4.57
HE180M	88.9	113.3	200	186	14.5	24	15	7483	748	8.13	2580	277	4.77
HE200A	42.3	53.8	190	200	6.5	10	18	3692	389	8.28	1336	134	4.98
HE200B	61.3	78.1	200	200	9	15	18	5696	570	8.54	2003	200	5.07
HE200M	103	131.3	220	206	15	25	18	10642	967	9.00	3651	354	5.27
HE220A	50.5	64.3	210	220	7	11	18	5410	515	9.17	1955	178	5.51
HE220B	71.5	91.0	220	220	9.5	16	18	8091	736	9.43	2843	258	5.59
HE220M	117	149.4	240	226	15.5	26	18	14605	1220	9.89	5012	444	5.79
HE240A	60.3	76.8	230	240	7.5	12	21	7763	675	10.1	2769	231	6.00
HE240B	83.2	106.0	240	240	10	17	21	11259	938	10.3	3923	327	6.08
HE240M	157	199.6	270	248	18	32	21	24289	1800	11.0	8153	657	6.39
HE260A	68.2	86.8	250	260	7.5	12.5	24	10455	836	11.0	3668	282	6.50
HE260B	93.0	118.4	260	260	10	17.5	24	14919	1150	11.2	5135	395	6.58
HE260M	172	219.6	290	268	18	32.5	24	31307	2160	11.9	10449	780	6.90

续表 3-1-6

型号	重量 /kg·m^{-1}	截面面积 /cm^2	尺寸/mm					截面参数					
								X—X			Y—Y		
			h	b	a	e	r	I_x /cm^4	$\frac{I_x}{V_x}$ /cm^3	i_x /cm	I_y /cm^4	$\frac{I_y}{V_y}$ /cm^3	i_y /cm
HE280A	76. 4	97. 3	270	280	8	13	24	13673	1010	11. 9	4763	340	7. 00
HE280B	103	131. 4	280	280	10. 5	18	24	19270	1380	12. 1	6595	471	7. 09
HE280M	189	240. 2	310	288	18. 5	33	24	39547	2550	12. 8	13163	914	7. 40
HE300A	88. 3	112. 5	290	300	8. 5	14	27	18263	1260	12. 7	6310	421	7. 49
HE300B	117	149. 1	300	300	11	19	27	25166	1680	13. 0	8563	571	7. 58
HE300C	177	225. 1	320	305	16	29	27	40951	2560	13. 5	13736	901	7. 81
HE300M	238	303. 1	340	310	21	39	27	59201	3480	14. 0	19403	1250	8. 00
HE320A	97. 6	124. 4	310	300	9	15. 5	27	22928	1480	13. 6	6985	466	7. 49
HE320B	127	161. 3	320	300	11. 5	20. 5	27	30823	1930	13. 8	9239	616	7. 57
HE320M	245	312. 0	359	309	21	40	27	68135	3800	14. 8	19709	1280	7. 95
HE340A	105	133. 5	330	300	9. 5	16. 5	27	27693	1680	14. 4	7436	496	7. 46
HE340B	134	170. 9	340	300	12	21. 5	27	36656	2160	14. 6	9690	646	7. 53
HE340M	248	315. 8	377	309	21	40	27	76372	4050	15. 6	19711	1280	7. 90
HE360A	112	142. 8	350	300	10	17. 5	27	33090	1890	15. 2	7887	526	7. 43
HE360B	142	180. 6	360	300	12. 5	22. 5	27	43193	2400	15. 5	10141	676	7. 49
HE360M	250	318. 8	395	308	21	40	27	84867	4300	16. 3	19522	1270	7. 83
HE400A	125	159. 0	390	300	11	19	27	45069	2310	16. 8	8564	571	7. 34
HE400B	155	197. 8	400	300	13. 5	24	27	57680	2880	17. 1	10819	721	7. 40
HE400M	256	325. 8	432	307	21	40	27	104119	4820	17. 9	19335	1260	7. 70
HE450A	140	178. 0	440	300	11. 5	21	27	63722	2900	18. 9	9465	631	7. 29
HE450B	171	218. 0	450	300	14	26	27	79887	3550	19. 1	11721	781	7. 33
HE450M	263	335. 4	478	307	21	40	27	131484	5500	19. 8	19339	1260	7. 59
HE500A	155	197. 5	490	300	12	23	27	86975	3550	21. 0	10367	691	7. 24

续表 3-1-6

型号	重量 /kg·m^{-1}	截面面积 /cm^2	尺寸/mm					截面参数					
								X—X			Y—Y		
			h	b	a	e	r	I_x /cm^4	$\frac{I_x}{V_x}$ /cm^3	i_x /cm	I_y /cm^4	$\frac{I_y}{V_y}$ /cm^3	i_y /cm
HE500B	187	238.6	500	300	14.5	28	27	107176	4290	21.2	12624	842	7.27
HE500M	270	344.3	524	306	21	40	27	161929	6180	21.7	19155	1250	7.46
HE550A	166	211.8	540	300	12.5	24	27	111932	4150	23.0	10819	721	7.15
HE550B	199	254.1	550	300	15	29	27	136691	4970	23.2	13077	872	7.17
HE550M	278	354.4	572	306	21	40	27	197984	6920	23.6	19158	1250	7.35
HE600A	178	226.5	590	300	13	25	27	141208	4790	25.0	11271	751	7.05
HE600B	212	270.0	600	300	15.5	30	27	171041	5700	25.2	13530	902	7.08
HE600M	285	363.7	620	305	21	40	27	237447	7660	25.6	18975	1240	7.22
HE650A	190	241.6	640	300	13.5	26	27	175178	5470	26.9	11724	782	6.97
HE650B	225	286.3	650	300	16	31	27	210616	6480	27.1	13984	932	6.99
HE650M	293	373.7	668	305	21	40	27	281667	8430	27.5	18979	1240	7.13
HE700A	204	260.5	690	300	14.5	27	27	215301	6240	28.8	12179	812	6.84
HE700B	241	306.4	700	300	17	32	27	256888	7340	29.0	14441	963	6.87
HE700M	301	383.0	716	304	21	40	27	329278	9200	29.3	18797	1240	7.01
HE800A	224	285.8	790	300	15	28	30	303442	7680	32.6	12639	843	6.65
HE800B	262	334.2	800	300	17.5	33	30	359083	8980	32.8	14904	994	6.68
HE800M	317	404.3	814	303	21	40	30	442598	10870	33.1	18627	1230	6.79
HE900A	252	320.5	890	300	16	30	30	422075	9480	36.3	13547	903	6.50
HE900B	291	371.3	900	300	18.5	35	30	494065	10980	36.5	15816	1050	6.53
HE900M	333	423.6	910	302	21	40	30	570434	12540	36.7	18452	1220	6.60
HE1000A	272	346.8	990	300	16.5	31	30	553846	11190	40.0	14004	934	6.35
HE1000B	314	400.0	1000	300	19	36	30	644748	12890	40.1	16276	1090	6.38
HE1000M	349	444.2	1008	302	21	40	30	722299	14330	40.3	18459	1220	6.45

英国H型钢及T型钢（BS4-1：2005）尺寸、规格和单位重量如表3-1-7所示。

表3-1-7　英国H型钢尺寸和重量

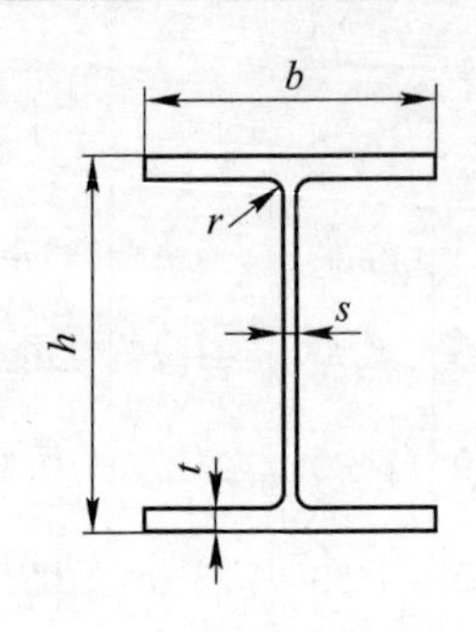

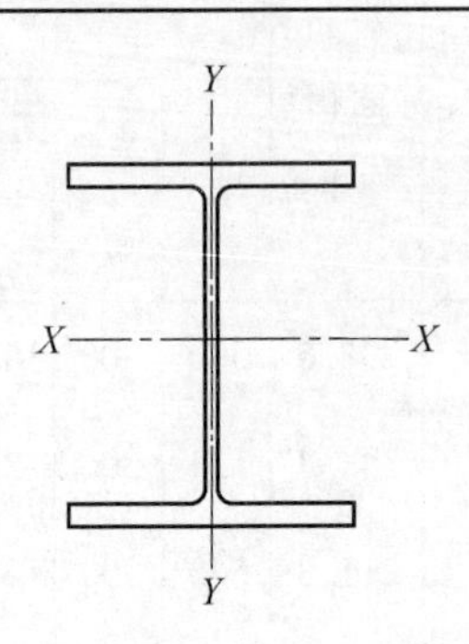

型　号	重　量	高　度	宽　度	腹板厚度	腿厚度	圆角半径
		h	b	s	t	r
	kg/m	mm	mm	mm	mm	mm
356×406×634	633.9	474.6	424.0	47.6	77.0	15.2
356×406×551	551.0	455.6	418.5	42.1	67.5	15.2
356×406×467	467.0	436.6	412.2	35.8	58.0	15.2
356×406×393	393.0	419.0	407.0	30.6	49.2	15.2
356×406×340	339.9	406.4	403.0	26.6	42.9	15.2
356×406×287	287.1	393.6	399.0	22.6	36.5	15.2
356×406×235	235.1	381.0	394.8	18.4	30.2	15.2
356×368×202	201.9	374.6	374.7	16.5	27.0	15.2
356×368×177	177.0	368.2	372.6	14.4	23.8	15.2
356×368×153	152.9	362.0	370.5	12.3	20.7	15.2
356×368×129	129.0	355.6	368.6	10.4	17.5	15.2
305×305×283	282.9	365.3	322.2	26.8	44.1	15.2
305×305×240	240.0	352.5	318.4	23.0	37.7	15.2
305×305×198	198.1	339.9	314.5	19.1	31.4	15.2
305×305×158	158.1	327.1	311.2	15.8	25.0	15.2
305×305×137	136.9	320.5	309.2	13.8	21.7	15.2
305×305×118	117.9	314.5	307.4	12.0	18.7	15.2
305×305×97	96.9	307.9	305.3	9.9	15.4	15.2
254×254×167	167.1	289.1	265.2	19.2	31.7	12.7

续表 3-1-7

型　号	重　量	高　度	宽　度	腹板厚度	腿厚度	圆角半径
		h	b	s	t	r
	kg/m	mm	mm	mm	mm	mm
254×254×132	132.0	276.3	261.3	15.3	25.3	12.7
254×254×107	107.1	266.7	258.8	12.8	20.5	12.7
203×203×86	86.1	222.2	209.1	12.7	20.5	10.2
203×203×71	71.0	215.8	206.4	10.0	17.3	10.2
203×203×60	60.0	209.6	205.8	9.4	14.2	10.2
203×203×52	52.0	206.2	204.3	7.9	12.5	10.2
203×203×46	46.1	203.2	203.6	7.2	11.0	10.2
152×152×37	37.0	161.8	154.4	8.0	11.5	7.6
152×152×30	30.0	157.6	152.9	6.5	9.4	7.6
152×152×23	23.0	152.4	152.2	5.8	6.8	7.6

表 3-1-8　英国 H 型钢桩尺寸和重量

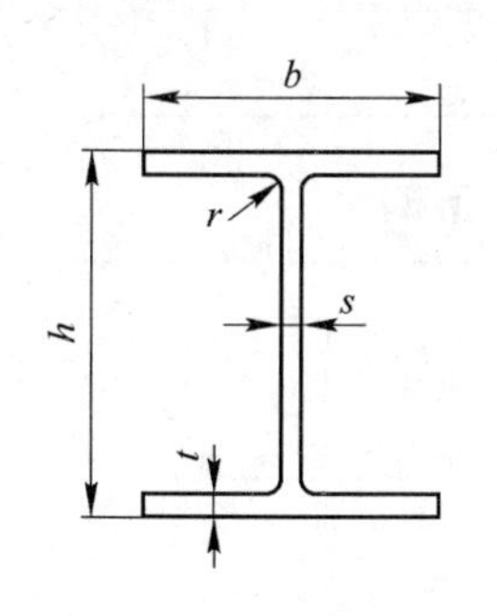

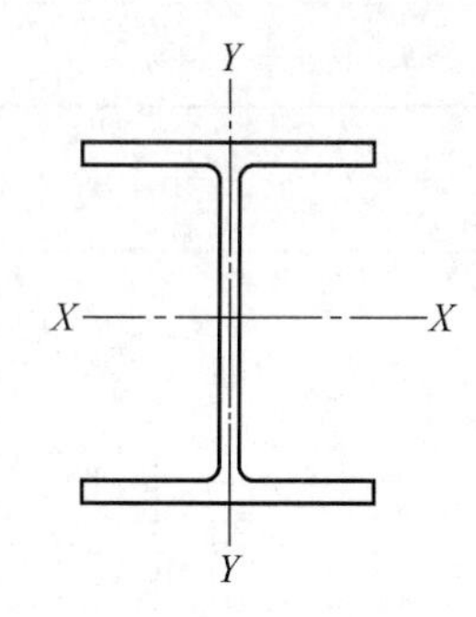

型　号	重　量	高　度	宽　度	腹板厚度	腿厚度	圆角半径
		h	b	s	t	r
	kg/m	mm	mm	mm	mm	mm
356×368×174	173.9	361.4	378.5	20.3	20.4	15.2
356×368×152	152.0	356.4	376.0	17.8	17.9	15.2
356×368×133	133.0	352.0	373.8	15.6	15.7	15.2
356×368×109	108.9	346.4	371.0	12.8	12.9	15.2
305×305×223	222.9	337.9	325.7	30.3	30.4	15.2

续表 3-1-8

型　号	重　量	高　度	宽　度	腹板厚度	腿厚度	圆角半径
		h	*b*	*s*	*t*	*r*
	kg/m	mm	mm	mm	mm	mm
305×305×186	186.0	328.3	320.9	25.5	25.6	15.2
305×305×149	149.1	318.5	316.0	20.6	20.7	15.2
305×305×126	126.1	312.3	312.9	17.5	17.6	15.2
305×305×110	110.0	307.9	310.7	15.3	15.4	15.2
305×305×95	94.9	303.7	308.7	13.3	13.3	15.2
305×305×88	88.0	301.7	307.8	12.4	12.3	15.2
305×305×79	78.9	299.3	306.4	11.0	11.1	15.2
254×254×85	85.1	254.3	260.4	14.4	14.3	12.7
254×254×71	71.0	249.7	258.0	12.0	12.0	12.7
254×254×63	63.0	247.1	256.6	10.6	10.7	12.7
203×203×54	53.9	204.0	207.7	11.3	11.4	10.2
203×203×45	44.9	200.2	205.9	9.5	9.5	10.2

表 3-1-9　工字梁剖分 T 型钢

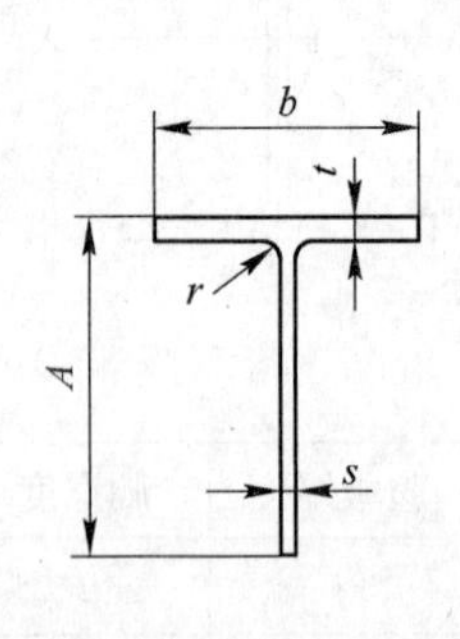

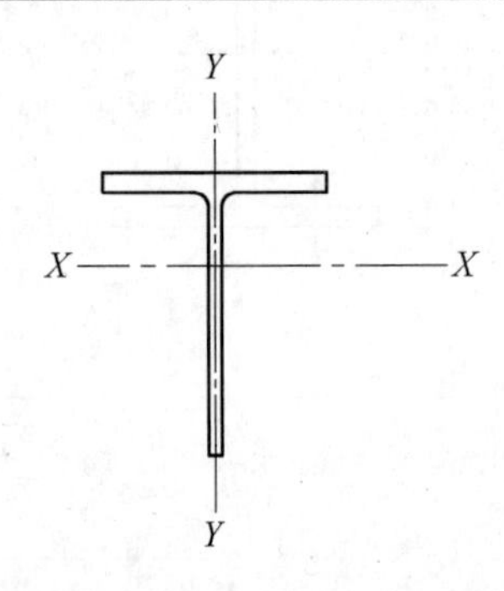

型　号	重量	对应 H 型钢牌号	高度	宽度	腹板厚度	腿厚度	圆角半径
			h	*b*	*s*	*t*	*r*
	kg/m		mm	mm	mm	mm	mm
305×457×127	126.7	914×305×253	305.5	459.1	17.3	27.9	19.1
305×457×112	112.1	914×305×224	304.1	455.1	15.9	23.9	19.1
305×457×101	100.4	914×305×201	303.3	451.4	15.1	20.2	19.1

续表 3-1-9

型　号	重量	对应H型钢牌号	高度	宽度	腹板厚度	腿厚度	圆角半径
			h	*b*	*s*	*t*	*r*
	kg/m		mm	mm	mm	mm	mm
292×419×113	113.2	838×292×226	293.8	425.4	16.1	26.8	17.8
292×419×97	96.9	838×292×194	292.4	420.3	14.7	21.7	17.8
292×419×88	87.9	838×292×176	291.7	417.4	14.0	18.8	17.8
267×381×99	98.3	762×267×197	268.0	384.8	15.6	25.4	16.5
267×381×87	86.5	762×267×173	266.7	381.0	14.3	21.6	16.5
267×381×74	73.4	762×267×147	265.2	376.9	12.8	17.5	16.5
254×343×85	85.1	686×254×170	255.8	346.4	14.5	23.7	15.2
254×343×76	76.2	686×254×152	254.5	343.7	13.2	21.0	15.2
254×343×70	70.0	686×254×140	253.7	341.7	12.4	19.0	15.2
254×343×63	62.6	686×254×125	253.0	338.9	11.7	16.2	15.2
305×305×119	119.0	610×305×238	311.4	317.8	18.4	31.4	16.5
305×305×90	89.5	610×305×179	307.1	310.0	14.1	23.6	16.5
305×305×75	74.6	610×305×149	304.8	306.1	11.8	19.7	16.5
229×305×70	69.9	610×229×140	230.2	308.5	13.1	22.1	12.7
191×229×49	49.1	457×191×98	192.8	233.5	11.4	19.6	10.2
191×229×45	44.6	457×191×89	191.9	231.6	10.5	17.7	10.2
191×229×41	41.0	457×191×82	191.3	229.9	9.9	16.0	10.2
191×229×37	37.1	457×191×74	190.4	228.4	9.0	14.5	10.2
191×229×34	33.5	457×191×67	189.9	226.6	8.5	12.7	10.2
152×229×41	41.0	457×152×82	155.3	232.8	10.5	18.9	10.2
152×229×37	37.1	457×152×74	154.4	230.9	9.6	17.0	10.2

续表 3-1-9

型 号	重量	对应 H 型钢牌号	高度	宽度	腹板厚度	腿厚度	圆角半径
			h	b	s	t	r
	kg/m		mm	mm	mm	mm	mm
152×229×34	33.6	457×152×67	153.8	228.9	9.0	15.0	10.2
152×229×30	29.9	457×152×60	152.9	227.2	8.1	13.3	10.2
152×229×26	26.1	457×152×52	152.4	224.8	7.6	10.9	10.2
178×203×37	37.1	406×178×74	179.5	206.3	9.5	16.0	10.2
178×203×34	33.5	406×178×67	178.8	204.6	8.8	14.3	10.2
178×203×30	30.0	406×178×60	177.9	203.1	7.9	12.8	10.2
178×203×27	27.0	406×178×54	177.7	201.2	7.7	10.9	10.2
140×203×23	23.0	406×140×46	142.2	201.5	6.8	11.2	10.2
140×203×20	19.5	406×140×39	141.8	198.9	6.4	8.6	10.2
171×178×34	33.5	356×171×67	173.2	181.6	9.1	15.7	10.2
171×178×29	28.5	356×171×57	172.2	178.9	8.1	13.0	10.2
171×178×26	25.5	356×171×51	171.5	177.4	7.4	11.5	10.2
171×178×23	22.5	356×171×45	171.1	175.6	7.0	9.7	10.2
127×178×20	19.5	356×127×39	126.0	176.6	6.6	10.7	10.2
146×127×22	21.5	254×146×43	147.3	129.7	7.2	12.7	7.6
146×127×19	18.5	254×146×37	146.4	127.9	6.3	10.9	7.6
146×127×16	15.5	254×146×31	146.1	125.6	6.0	8.6	7.6
102×127×14	14.1	254×102×28	102.2	130.1	6.3	10.0	7.6
102×127×13	12.6	254×102×25	101.9	128.5	6.0	8.4	7.6
102×127×11	11.0	254×102×22	101.6	126.9	5.7	6.8	7.6

表 3-1-10　工字柱剖分 T 型钢

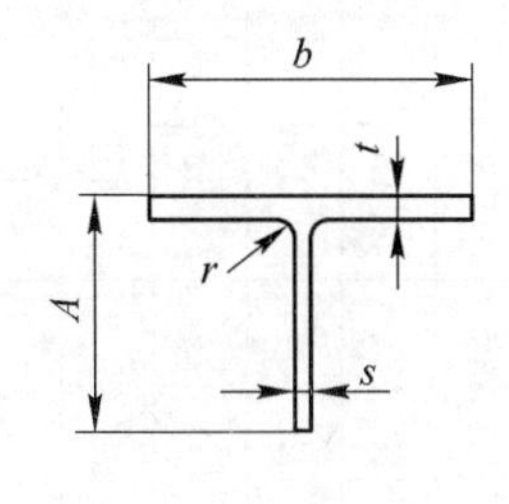

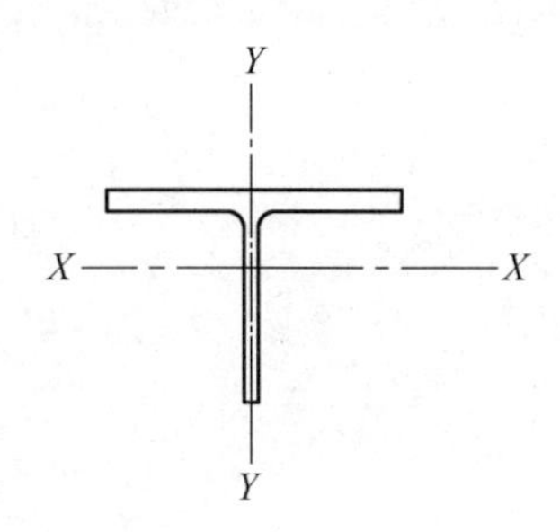

型　号	重　量	对应 H 型钢牌号	高　度	宽　度	腹板厚度	腿厚度	圆角半径
			A	*b*	*s*	*t*	*r*
	kg/m		mm	mm	mm	mm	mm
406×178×118	117.5	356×406×235	394.8	190.4	18.4	30.2	15.2
368×178×101	100.9	356×368×202	374.7	187.2	16.5	27.0	15.2
368×178×89	88.5	356×368×177	372.6	184.0	14.4	23.8	15.2
368×178×77	76.4	356×368×153	370.5	180.9	12.3	20.7	15.2
368×178×65	64.5	356×368×129	368.6	177.7	10.4	17.5	15.2
305×152×79	79.0	305×305×158	311.2	163.5	15.8	25.0	15.2
305×152×69	68.4	305×305×137	309.2	160.2	13.8	21.7	15.2
305×152×59	58.9	305×305×118	307.4	157.2	12.0	18.7	15.2
305×152×49	48.4	305×305×97	305.3	153.9	9.9	15.4	15.2
254×127×66	66.0	254×254×132	261.3	138.1	15.3	25.3	12.7
254×127×54	53.5	254×254×107	258.8	133.3	12.8	20.5	12.7
254×127×45	44.4	254×254×89	256.3	130.1	10.3	17.3	12.7
254×127×37	36.5	254×254×73	254.6	127.0	8.6	14.2	12.7
203×102×43	43.0	203×203×86	209.1	111.0	12.7	20.5	10.2

3.1.4　我国 H 型钢及其剖分 T 型钢尺寸规格

我国 H 型钢及其剖分 T 型钢截面尺寸和截面参数如表 3-1-11 和表 3-1-12 所示。

表 3-1-11　H 型钢截面尺寸和截面特性

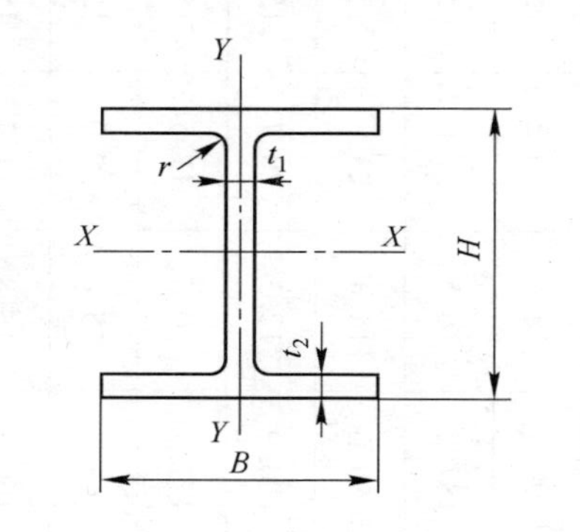

H—高度；B—宽度；t_1—腹板厚度；t_2—翼缘厚度；r—圆角半径

类别	型号（高度×宽度）/mm×mm	截面尺寸/mm					截面面积/cm^2	理论重量/$kg·m^{-1}$	惯性矩/cm^4		惯性半径/cm		截面模数/cm^3	
		H	B	t_1	t_2	r			I_x	I_y	i_x	i_y	W_x	W_y
HW	100×100	100	100	6	8	8	21.58	16.9	378	134	4.18	2.48	75.6	26.7
	125×125	125	125	6.5	9	8	30.00	23.6	839	293	5.28	3.12	134	46.9
	150×150	150	150	7	10	8	39.64	31.1	1620	563	6.39	3.76	216	75.1
	175×175	175	175	7.5	11	13	51.42	40.4	2900	984	7.50	4.37	331	112
	200×200	200	200	8	12	13	63.53	49.9	4720	1600	8.61	5.02	472	160
		200①	204	12	12	13	71.53	56.2	4980	1700	8.34	4.87	498	167
	250×250	244①	252	11	11	13	81.31	63.8	8700	2940	10.3	6.01	713	233
		250	250	9	14	13	91.43	71.8	10700	3650	10.8	6.31	860	292
		250①	255	14	14	13	103.9	81.6	11400	3880	10.5	6.10	912	304

续表 3-1-11

类别	型号（高度×宽度）/mm×mm	截面尺寸/mm					截面面积/cm^2	理论重量/kg·m^{-1}	惯性矩/cm^4		惯性半径/cm		截面模数/cm^3	
		H	B	t_1	t_2	r			I_x	I_y	i_x	i_y	W_x	W_y
HW	300×300	294①	302	12	12	13	106.3	83.5	16600	5510	12.5	7.20	1130	365
		300	300	10	15	13	118.5	93.0	20200	6750	13.1	7.55	1350	450
		300①	305	15	15	13	133.5	105	21300	7100	12.6	7.29	1420	466
	350×350	338①	351	13	13	13	133.3	105	27700	9380	14.4	8.38	1640	534
		344①	348	10	16	13	144.0	113	32800	11200	15.1	8.83	1910	646
		344①	354	16	16	13	164.7	129	34900	11800	14.6	8.48	2030	669
		350	350	12	19	13	171.9	135	39800	13600	15.2	8.88	2280	776
		350①	357	19	19	13	196.4	154	42300	14400	14.7	8.57	2420	808
	400×400	388①	402	15	15	22	178.5	140	49000	16300	16.6	9.54	2520	809
		394①	398	11	18	22	186.8	147	56100	18900	17.3	10.1	2850	951
		394①	405	18	18	22	214.4	168	59700	20000	16.7	9.64	3030	985
		400	400	13	21	22	218.7	172	66600	22400	17.5	10.1	3330	1120
		400①	408	21	21	22	250.7	197	70900	23800	16.8	9.74	3540	1170
		414①	405	18	28	22	295.4	232	92800	31000	17.7	10.2	4480	1530
		428①	407	20	35	22	360.7	283	119000	39400	18.2	10.4	5570	1930
		458①	417	30	50	22	528.6	415	187000	60500	18.8	10.7	8170	2900
		498①	432	45	70	22	770.1	604	298000	94400	19.7	11.1	12000	4370
	500×500	492①	465	15	20	22	258.0	202	117000	33500	21.3	11.4	4770	1440
		502①	465	15	25	22	304.5	239	146000	41900	21.9	11.7	5810	1800
		502①	470	20	25	22	329.6	259	151000	43300	21.4	11.5	6020	1840

续表 3-1-11

类别	型号（高度×宽度）/mm×mm	截面尺寸/mm					截面面积 /cm²	理论重量 /kg · m⁻¹	惯性矩/cm⁴		惯性半径/cm		截面模数/cm³	
		H	B	t_1	t_2	r			I_x	I_y	i_x	i_y	W_x	W_y
HM	150×100	148	100	6	9	8	26.34	20.7	1000	150	6.16	2.38	135	30.1
	200×150	194	150	6	9	8	38.10	29.9	2630	507	8.30	3.64	271	67.6
	250×175	244	175	7	11	13	55.49	43.6	6040	984	10.4	4.21	495	112
	300×200	294	200	8	12	13	71.05	55.8	11100	1600	12.5	4.74	756	160
		298①	201	9	14	13	82.03	64.4	13100	1900	12.6	4.80	878	189
	350×250	340	250	9	14	13	99.53	78.1	21200	3650	14.6	6.05	1250	292
	400×300	390	300	10	16	13	133.3	105	37900	7200	16.9	7.35	1940	480
	450×300	440	300	11	18	13	153.9	121	54700	8110	18.9	7.25	2490	540
	500×300	482①	300	11	15	13	141.2	111	58300	6760	20.3	6.91	2420	450
		488	300	11	18	13	159.2	125	68900	8110	20.8	7.13	2820	540
	550×300	544①	300	11	15	13	148.0	116	76400	6760	22.7	6.75	2810	450
		550①	300	11	18	13	166.0	130	89800	8110	23.3	6.98	3270	540
	600×300	582①	300	12	17	13	169.2	133	98900	7660	24.2	6.72	3400	511
		588	300	12	20	13	187.2	147	114000	9010	24.7	6.93	3890	601
		594①	302	14	23	13	217.1	170	134000	10600	24.8	6.97	4500	700
HN	100×50①	100	50	5	7	8	11.84	9.30	187	14.8	3.97	1.11	37.5	5.91
	125×60①	125	60	6	8	8	16.68	13.1	409	29.1	4.95	1.32	65.4	9.71
	150×75	150	75	5	7	8	17.84	14.0	666	49.5	6.10	1.66	88.8	13.2
	175×90	175	90	5	8	8	22.89	18.0	1210	97.5	7.25	2.06	138	21.7

续表 3-1-11

类别	型号（高度×宽度）/mm×mm	截面尺寸/mm					截面面积/cm²	理论重量/kg·m⁻¹	惯性矩/cm⁴		惯性半径/cm		截面模数/cm³	
		H	B	t_1	t_2	r			I_x	I_y	i_x	i_y	W_x	W_y
HN	200×100	198①	99	4.5	7	8	22.68	17.8	1540	113	8.24	2.23	156	22.9
		200	100	5.5	8	8	26.66	20.9	1810	134	8.22	2.23	181	26.7
	250×125	248①	124	5	8	8	31.98	25.1	3450	255	10.4	2.82	278	41.1
		250	125	6	9	8	36.96	29.0	3960	294	10.4	2.81	317	47.0
	300×150	298①	149	5.5	8	13	40.80	32.0	6320	442	12.4	3.29	424	59.3
		300	150	6.5	9	13	46.78	36.7	7210	508	12.4	3.29	481	67.7
	350×175	346①	174	6	9	13	52.45	41.2	11000	791	14.5	3.88	638	91.0
		350	175	7	11	13	62.91	49.4	13500	984	14.6	3.95	771	112
	400×150	400	150	8	13	13	70.37	55.2	18600	734	16.3	3.22	929	97.8
	400×200	396①	199	7	11	13	71.41	56.1	19800	1450	16.6	4.50	999	145
		400	200	8	13	13	83.37	65.4	23500	1740	16.8	4.56	1170	174
	450×150	446①	150	7	12	13	66.99	52.6	22000	677	18.1	3.17	985	90.3
		450	151	8	14	13	77.49	60.8	25700	806	18.2	3.22	1140	107
	450×200	446①	199	8	12	13	82.97	65.1	28100	1580	18.4	4.36	1260	159
		450	200	9	14	13	95.43	74.9	32900	1870	18.6	4.42	1460	187
	475×150	470①	150	7	13	13	71.53	56.2	26200	733	19.1	3.20	1110	97.8
		475①	151.5	8.5	15.5	13	86.15	67.6	31700	901	19.2	3.23	1330	119
		482	153.5	10.5	19	13	106.4	83.5	39600	1150	19.3	3.28	1640	150

续表 3-1-11

类别	型号（高度×宽度）/mm×mm	截面尺寸/mm					截面面积/cm²	理论重量/kg·m⁻¹	惯性矩/cm⁴		惯性半径/cm		截面模数/cm³	
		H	B	t_1	t_2	r			I_x	I_y	i_x	i_y	W_x	W_y
HN	500×150	492①	150	7	12	13	70.21	55.1	27500	677	19.8	3.10	1120	90.3
		500①	152	9	16	13	92.21	72.4	37000	940	20.0	3.19	1480	124
		504	153	10	18	13	103.3	81.1	41900	1080	20.1	3.23	1660	141
	500×200	496①	199	9	14	13	99.29	77.9	40800	1840	20.3	4.30	1650	185
		500	200	10	16	13	112.3	88.1	46800	2140	20.4	4.36	1870	214
		506①	201	11	19	13	129.3	102	55500	2580	20.7	4.46	2190	257
	550×200	546①	199	9	14	13	103.8	81.5	50800	1840	22.1	4.21	1860	185
		550	200	10	16	13	117.3	92.0	58200	2140	22.3	4.27	2120	214
	600×200	596①	199	10	15	13	117.8	92.4	66600	1980	23.8	4.09	2240	199
		600	200	11	17	13	131.7	103	75600	2270	24.0	4.15	2520	227
		606①	201	12	20	13	149.8	118	88300	2720	24.3	4.25	2910	270
	625×200	625①	198.5	13.5	17.5	13	150.6	118	88500	2300	24.2	3.90	2830	231
		630	200	15	20	13	170.0	133	101000	2690	24.4	3.97	3220	268
		638①	202	17	24	13	198.7	156	122000	3320	24.8	4.09	3820	329
	650×300	646①	299	10	15	13	152.8	120	110000	6690	26.9	6.61	3410	447
		650①	300	11	17	13	171.2	134	125000	7660	27.0	6.68	3850	511
		656①	301	12	20	13	195.8	154	147000	9100	27.4	6.81	4470	605
	700×300	692①	300	13	20	18	207.5	163	168000	9020	28.5	6.59	4870	601
		700	300	13	24	18	231.5	182	197000	10800	29.2	6.83	5640	721

续表 3-1-11

类别	型号（高度×宽度）/mm×mm	截面尺寸/mm					截面面积/cm²	理论重量/kg·m⁻¹	惯性矩/cm⁴		惯性半径/cm		截面模数/cm³	
		H	B	t_1	t_2	r			I_x	I_y	i_x	i_y	W_x	W_y
HN	750×300	734①	299	12	16	18	182.7	143	161000	7140	29.7	6.25	4390	478
		742①	300	13	20	18	214.0	168	197000	9020	30.4	6.49	5320	601
		750①	300	13	24	18	238.0	187	231000	10800	31.1	6.74	6150	721
		758①	303	16	28	18	284.8	224	276000	13000	31.1	6.75	7270	859
	800×300	792①	300	14	22	18	239.5	188	248000	9920	32.2	6.43	6270	661
		800	300	14	26	18	263.5	207	286000	11700	33.0	6.66	7160	781
	850×300	834①	298	14	19	18	227.5	179	251000	8400	33.2	6.07	6020	564
		842①	299	15	23	18	259.7	204	298000	10300	33.9	6.28	7080	687
		850①	300	16	27	18	292.1	229	346000	12200	34.4	6.45	8140	812
		858①	301	17	31	18	324.7	255	395000	14100	34.9	6.59	9210	939
	900×300	890①	299	15	23	18	266.9	210	339000	10300	35.6	6.20	7610	687
		900	300	16	28	18	305.8	240	404000	12600	36.4	6.42	8990	842
		912①	302	18	34	18	360.1	283	491000	15700	36.9	6.59	10800	1040
	1000×300	970①	297	16	21	18	276.0	217	393000	9210	37.8	5.77	8110	620
		980①	298	17	26	18	315.5	248	472000	11500	38.7	6.04	9630	772
		990①	298	17	31	18	345.3	271	544000	13700	39.7	6.30	11000	921
		1000①	300	19	36	18	395.1	310	634000	16300	40.1	6.41	12700	1080
		1008①	302	21	40	18	439.3	345	712000	18400	40.3	6.47	14100	1220

续表 3-1-11

类别	型号（高度×宽度）/mm×mm	截面尺寸/mm					截面面积/cm²	理论重量/kg·m⁻¹	惯性矩/cm⁴		惯性半径/cm		截面模数/cm³	
		H	B	t_1	t_2	r			I_x	I_y	i_x	i_y	W_x	W_y
HT	100×50	95	48	3.2	4.5	8	7.620	5.98	115	8.39	3.88	1.04	24.2	3.49
		97	49	4	5.5	8	9.370	7.36	143	10.9	3.91	1.07	29.6	4.45
	100×100	96	99	4.5	6	8	16.20	12.7	272	97.2	4.09	2.44	56.7	19.6
	125×60	118	58	3.2	4.5	8	9.250	7.26	218	14.7	4.85	1.26	37.0	5.08
		120	59	4	5.5	8	11.39	8.94	271	19.0	4.87	1.29	45.2	6.43
	125×125	119	123	4.5	6	8	20.12	15.8	532	186	5.14	3.04	89.5	30.3
	150×75	145	73	3.2	4.5	8	11.47	9.00	416	29.3	6.01	1.59	57.3	8.02
		147	74	4	5.5	8	14.12	11.1	516	37.3	6.04	1.62	70.2	10.1
	150×100	139	97	3.2	4.5	8	13.43	10.6	476	68.6	5.94	2.25	68.4	14.1
		142	99	4.5	6	8	18.27	14.3	654	97.2	5.98	2.30	92.1	19.6
	150×150	144	148	5	7	8	27.76	21.8	1090	378	6.25	3.69	151	51.1
		147	149	6	8.5	8	33.67	26.4	1350	469	6.32	3.73	183	63.0
	175×90	168	88	3.2	4.5	8	13.55	10.6	670	51.2	7.02	1.94	79.7	11.6
		171	89	4	6	8	17.58	13.8	894	70.7	7.13	2.00	105	15.9
	175×175	167	173	5	7	13	33.32	26.2	1780	605	7.30	4.26	213	69.9
		172	175	6.5	9.5	13	44.64	35.0	2470	850	7.43	4.36	287	97.1
	200×100	193	98	3.2	4.5	8	15.25	12.0	994	70.7	8.07	2.15	103	14.4
		196	99	4	6	8	19.78	15.5	1320	97.2	8.18	2.21	135	19.6

续表 3-1-11

类别	型号（高度×宽度）/mm×mm	截面尺寸/mm					截面面积/cm^2	理论重量/$kg \cdot m^{-1}$	惯性矩/cm^4		惯性半径/cm		截面模数/cm^3	
		H	B	t_1	t_2	r			I_x	I_y	i_x	i_y	W_x	W_y
HT	200×150	188	149	4.5	6	8	26.34	20.7	1730	331	8.09	3.54	184	44.4
	200×200	192	198	6	8	13	43.69	34.3	3060	1040	8.37	4.86	319	105
	250×125	244	124	4.5	6	8	25.86	20.3	2650	191	10.1	2.71	217	30.8
	250×175	238	173	4.5	8	13	39.12	30.7	4240	691	10.4	4.20	356	79.9
	300×150	294	148	4.5	6	13	31.90	25.0	4800	325	12.3	3.19	327	43.9
	300×200	286	198	6	8	13	49.33	38.7	7360	1040	12.2	4.58	515	105
	350×175	340	173	4.5	6	13	36.97	29.0	7490	518	14.2	3.74	441	59.9
	400×150	390	148	6	8	13	47.57	37.3	11700	434	15.7	3.01	602	58.6
	400×200	390	198	6	8	13	55.57	43.6	14700	1040	16.2	4.31	752	105

注：1. 表中同一型号的产品，其内侧尺寸高度一致。

2. 表中截面面积计算公式为：$t_1(H-2t_2)+2Bt_2+0.858r^2$。

① 表示市场非常用规格。

表 3-1-12　剖分 T 型钢截面尺寸、截面面积、理论重量及截面特性

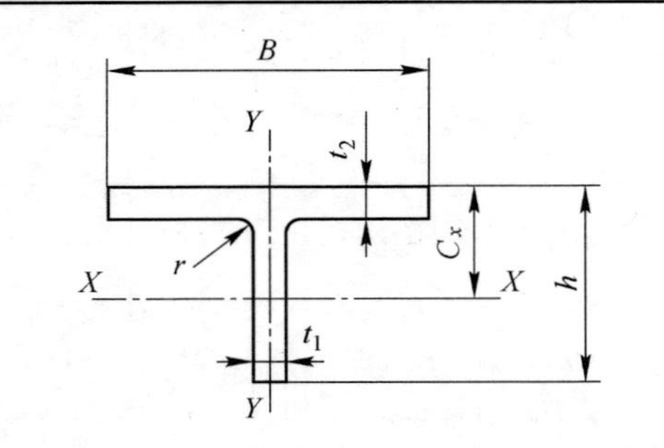

h—高度；B—宽度；t_1—腹板厚度；t_2—翼缘厚度；r—圆角半径；C_x—重心

类别	型号（高度×宽度）/mm×mm	截面尺寸/mm					截面面积 /cm²	理论重量 /kg·m⁻¹	惯性矩 /cm⁴		惯性半径 /cm		截面模数 /cm³		重心 C_x /cm	对应 H 型钢系列型号
		h	B	t_1	t_2	r			I_x	I_y	i_x	i_y	W_x	W_y		
TW	50×100	50	100	6	8	8	10.79	8.47	16.1	66.8	1.22	2.48	4.02	13.4	1.00	100×100
	62.5×125	62.5	125	6.5	9	8	15.00	11.8	35.0	147	1.52	3.12	6.91	23.5	1.19	125×125
	75×150	75	150	7	10	8	19.82	15.6	66.4	282	1.82	3.76	10.8	37.5	1.37	150×150
	87.5×175	87.5	175	7.5	11	13	25.71	20.2	115	492	2.11	4.37	15.9	56.2	1.55	175×175
	100×200	100	200	8	12	13	31.76	24.9	184	801	2.40	5.02	22.3	80.1	1.73	200×200
		100	204	12	12	13	35.76	28.1	256	851	2.67	4.87	32.4	83.4	2.09	
	125×250	125	250	9	14	13	45.71	35.9	412	1820	3.00	6.31	39.5	146	2.08	250×250
		125	255	14	14	13	51.96	40.8	589	1940	3.36	6.10	59.4	152	2.58	
	150×300	147	302	12	12	13	53.16	41.7	857	2760	4.01	7.20	72.3	183	2.85	300×300
		150	300	10	15	13	59.22	46.5	798	3380	3.67	7.55	63.7	225	2.47	
		150	305	15	15	13	66.72	52.4	1110	3550	4.07	7.29	92.5	233	3.04	

续表 3-1-12

类别	型号（高度×宽度）/mm×mm	截面尺寸/mm					截面面积 /cm²	理论重量 /kg·m⁻¹	惯性矩 /cm⁴		惯性半径 /cm		截面模数 /cm³		重心 C_x /cm	对应 H 型钢系列型号
		h	B	t_1	t_2	r			I_x	I_y	i_x	i_y	W_x	W_y		
TW	175×350	172	348	10	16	13	72.00	56.5	1230	5620	4.13	8.83	84.7	323	2.67	350×350
	200×400	194	402	15	15	22	89.22	70.0	2480	8130	5.27	9.54	158	404	3.70	400×400
		197	398	11	18	22	93.40	73.3	2050	9460	4.67	10.1	123	475	3.01	
		200	400	13	21	22	109.3	85.8	2480	11200	4.75	10.1	147	560	3.21	
		200	408	21	21	22	125.3	98.4	3650	11900	5.39	9.74	229	584	4.07	
		207	405	18	28	22	147.7	116	3620	15500	4.95	10.2	213	766	3.68	
		214	407	20	35	22	180.3	142	4380	19700	4.92	10.4	250	967	3.90	
		200	200	8	13	13	41.68	32.7	1390	868	5.78	4.56	88.6	86.8	4.26	
	225×150	223	150	7	12	13	33.49	26.3	1570	338	6.84	3.17	93.7	45.1	5.54	450×150
		225	151	8	14	13	38.74	30.4	1830	403	6.87	3.22	108	53.4	5.62	
TM	75×100	74	100	6	9	8	13.17	10.3	51.7	75.2	1.98	2.38	8.84	15.0	1.56	150×100
	100×150	97	150	6	9	8	19.05	15.0	124	253	2.55	3.64	15.8	33.8	1.80	200×150
	125×175	122	175	7	11	13	27.74	21.8	288	492	3.22	4.21	29.1	56.2	2.28	250×175
	150×200	147	200	8	12	13	35.52	27.9	571	801	4.00	4.74	48.2	80.1	2.85	300×200
		149	201	9	14	13	41.01	32.2	661	949	4.01	4.80	55.2	94.4	2.92	
	175×250	170	250	9	14	13	49.76	39.1	1020	1820	4.51	6.05	73.2	146	3.11	350×250

续表 3-1-12

类别	型号（高度×宽度）/mm×mm	截面尺寸/mm					截面面积 /cm²	理论重量 /kg·m⁻¹	惯性矩 /cm⁴		惯性半径 /cm		截面模数 /cm³		重心 C_x /cm	对应 H 型钢系列型号
		h	B	t_1	t_2	r			I_x	I_y	i_x	i_y	W_x	W_y		
TM	200×300	195	300	10	16	13	66.62	52.3	1730	3600	5.09	7.35	108	240	3.43	400×300
	225×300	220	300	11	18	13	76.94	60.4	2680	4050	5.89	7.25	150	270	4.09	450×300
	250×300	241	300	11	15	13	70.58	55.4	3400	3380	6.93	6.91	178	225	5.00	500×300
		244	300	11	18	13	79.58	62.5	3610	4050	6.73	7.13	184	270	4.72	
	275×300	272	300	11	15	13	73.99	58.1	4790	3380	8.04	6.75	225	225	5.96	550×300
		275	300	11	18	13	82.99	65.2	5090	4050	7.82	6.98	232	270	5.59	
	300×300	291	300	12	17	13	84.60	66.4	6320	3830	8.64	6.72	280	255	6.51	600×300
		294	300	12	20	13	93.60	73.5	6680	4500	8.44	6.93	288	300	6.17	
		297	302	14	23	13	108.5	85.2	7890	5290	8.52	6.97	339	350	6.41	
TN	50×50	50	50	5	7	8	5.920	4.65	11.8	7.39	1.41	1.11	3.18	2.95	1.28	100×50
	62.5×60	62.5	60	6	8	8	8.340	6.55	27.5	14.6	1.81	1.32	5.96	4.85	1.64	125×60
	75×75	75	75	5	7	8	8.920	7.00	42.6	24.7	2.18	1.66	7.46	6.59	1.79	150×75
	87.5×90	85.5	89	4	6	8	8.790	6.90	53.7	35.3	2.47	2.00	8.02	7.94	1.86	175×90
		87.5	90	5	8	8	11.44	8.98	70.6	48.7	2.48	2.06	10.4	10.8	1.93	
	100×100	99	99	4.5	7	8	11.34	8.90	93.5	56.7	2.87	2.23	12.1	11.5	2.17	200×100
		100	100	5.5	8	8	13.33	10.5	114	66.9	2.92	2.23	14.8	13.4	2.31	

续表 3-1-12

类别	型号（高度×宽度）/mm×mm	截面尺寸/mm					截面面积 /cm^2	理论重量 /kg·m^{-1}	惯性矩 /cm^4		惯性半径 /cm		截面模数 /cm^3		重心 C_x /cm	对应H型钢系列型号
		h	B	t_1	t_2	r			I_x	I_y	i_x	i_y	W_x	W_y		
TN	125×125	124	124	5	8	8	15.99	12.6	207	127	3.59	2.82	21.3	20.5	2.66	250×125
		125	125	6	9	8	18.48	14.5	248	147	3.66	2.81	25.6	23.5	2.81	
	150×150	149	149	5.5	8	13	20.40	16.0	393	221	4.39	3.29	33.8	29.7	3.26	300×150
		150	150	6.5	9	13	23.39	18.4	464	254	4.45	3.29	40.0	33.8	3.41	
	175×175	173	174	6	9	13	26.22	20.6	679	396	5.08	3.88	50.0	45.5	3.72	350×175
		175	175	7	11	13	31.45	24.7	814	492	5.08	3.95	59.3	56.2	3.76	
	200×200	198	199	7	11	13	35.70	28.0	1190	723	5.77	4.50	76.4	72.7	4.20	400×200
	225×200	223	199	8	12	13	41.48	32.6	1870	789	6.71	4.36	109	79.3	5.15	450×200
		225	200	9	14	13	47.71	37.5	2150	935	6.71	4.42	124	93.5	5.19	
	237.5×150	235	150	7	13	13	35.76	28.1	1850	367	7.18	3.20	104	48.9	7.50	475×150
		237.5	151.5	8.5	15.5	13	43.07	33.8	2270	451	7.25	3.23	128	59.5	7.57	
		241	153.5	10.5	19	13	53.20	41.8	2860	575	7.33	3.28	160	75.0	7.67	

续表 3-1-12

类别	型号（高度×宽度）/mm×mm	截面尺寸/mm					截面面积 /cm²	理论重量 /kg·m⁻¹	惯性矩 /cm⁴		惯性半径 /cm		截面模数 /cm³		重心 C_x /cm	对应H型钢系列型号
		h	B	t_1	t_2	r			I_x	I_y	i_x	i_y	W_x	W_y		
TN	250×150	246	150	7	12	13	35.10	27.6	2060	339	7.66	3.10	113	45.1	6.36	500×150
		250	152	9	16	13	46.10	36.2	2750	470	7.71	3.19	149	61.9	6.53	
		252	153	10	18	13	51.66	40.6	3100	540	7.74	3.23	167	70.5	6.62	
	250×200	248	199	9	14	13	49.64	39.0	2820	921	7.54	4.30	150	92.6	5.97	500×200
		250	200	10	16	13	56.12	44.1	3200	1070	7.54	4.36	169	107	6.03	
		253	201	11	19	13	64.65	50.8	3660	1290	7.52	4.46	189	128	6.00	
	275×200	273	199	9	14	13	51.89	40.7	3690	921	8.43	4.21	180	92.6	6.85	550×200
		275	200	10	16	13	58.62	46.0	4180	1070	8.44	4.27	203	107	6.89	
	300×200	298	199	10	15	13	58.87	46.2	5150	988	9.35	4.09	235	99.3	7.92	600×200
		300	200	11	17	13	65.85	51.7	5770	1140	9.35	4.15	262	114	7.95	
		303	201	12	20	13	74.88	58.8	6530	1360	9.33	4.25	291	135	7.88	
	312.5×200	312.5	198.5	13.5	17.5	13	75.28	59.1	7460	1150	9.95	3.90	338	116	9.15	625×200
		315	200	15	20	13	84.97	66.7	8470	1340	9.98	3.97	380	134	9.21	
		319	202	17	24	13	99.35	78.0	9960	1160	10.0	4.08	440	165	9.26	
	325×300	323	299	10	15	12	76.26	59.9	7220	3340	9.73	6.62	289	224	7.28	650×300
		325	300	11	17	13	85.60	67.2	8090	3830	9.71	6.68	321	255	7.29	
		328	301	12	20	13	97.88	76.8	9120	4550	9.65	6.81	356	302	7.20	

续表 3-1-12

类别	型号（高度×宽度）/mm×mm	截面尺寸/mm					截面面积/cm²	理论重量/kg·m⁻¹	惯性矩/cm⁴		惯性半径/cm		截面模数/cm³		重心 C_x/cm	对应H型钢系列型号
		h	B	t_1	t_2	r			I_x	I_y	i_x	i_y	W_x	W_y		
TN	350×300	346	300	13	20	13	103.1	80.9	1120	4510	10.4	6.61	424	300	8.12	700×300
		350	300	13	24	13	115.1	90.4	1200	5410	10.2	6.85	438	360	7.65	
	225×200	223	199	8	12	13	41.48	32.6	1870	789	6.71	4.36	109	79.3	5.15	450×200
		225	200	9	14	13	47.71	37.5	2150	935	6.71	4.42	124	93.5	5.19	
	237.5×150	235	150	7	13	13	35.76	28.1	1850	367	7.18	3.20	104	48.9	7.50	475×150
		237.5	151.5	8.5	15.5	13	43.07	33.8	2270	451	7.25	3.23	128	59.5	7.57	
		241	153.5	10.5	19	13	53.20	41.8	2860	575	7.33	3.28	160	75.0	7.67	
	400×300	396	300	14	22	18	119.8	94.0	1760	4960	12.1	6.43	592	331	9.77	800×300
		400	300	14	26	18	131.8	103	1870	5860	11.9	6.66	610	391	9.27	
	450×300	445	299	15	23	18	133.5	105	2590	5140	13.9	6.20	789	344	11.7	900×300
		450	300	16	28	18	152.9	120	2910	6320	13.8	6.42	865	421	11.4	
		456	302	18	34	18	180.0	141	3410	7830	13.8	6.59	997	518	11.3	

3.1.5 国际标准化组织 H 型钢及剖分 T 型钢尺寸规格

国际标准化组织 H 型钢（ISO 657—16：1980）及其剖分 T 型钢（ISO 657—21：1980）尺寸和截面特性如表 3-1-13 及表 3-1-14 所示。

表 3-1-13 H 型钢尺寸和截面特性

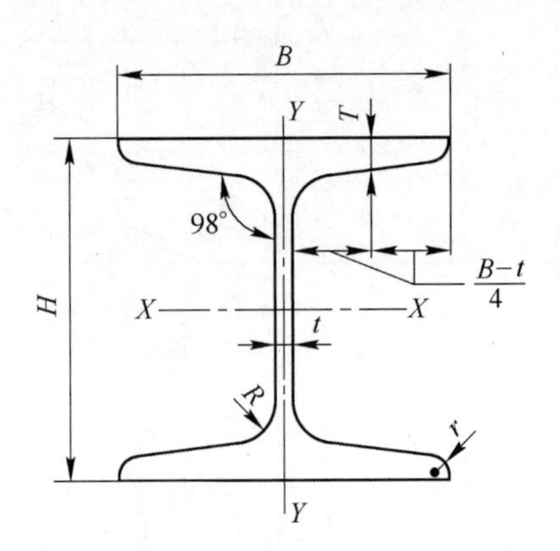

型号	重量	截面面积	尺寸						截面特性					
									X—X			Y—Y		
	M	A	H	B	t	T	R①	r①	I_x	Z_x	r_x	I_y	Z_y	r_y
	kg/m	cm^2	mm	mm	mm	mm	mm	mm	cm^4	cm^3	cm	cm^4	cm^3	cm
SC100	20.0	25.5	100	100	6.0	10	12	6.0	436	87.2	4.13	136	27.2	2.31
SC120	26.2	33.4	120	120	6.5	11	12	6.0	842	140	5.02	255	42.6	2.76
SC140	33.3	42.4	140	140	7.0	12	12	6.0	1470	211	5.89	438	62.5	3.21
SC160	41.9	53.4	160	160	8.0	13	15	7.5	2420	303	6.74	695	86.8	3.61
SC180	50.5	64.4	180	180	8.5	14	15	7.5	3740	415	7.62	1060	117	4.05
SC200	60.3	76.8	200	200	9.0	15	18	9.0	5530	553	8.48	1530	153	4.46
SC220	70.4	89.8	220	220	9.5	16	18	9.0	7880	716	9.35	2160	196	4.90
SC250	85.6	109	250	250	10.0	17	23	11.5	12500	997	10.7	3260	260	5.46

① 不作为交货条件，仅供计算使用。

表3-1-14　厚度和翼缘宽度相等的热轧T型钢尺寸和截面特性

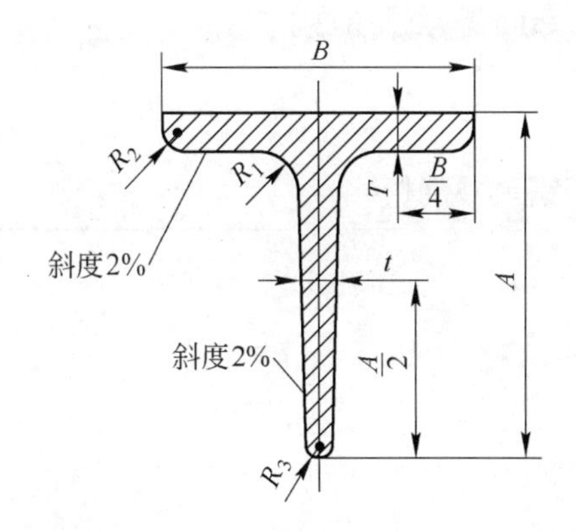

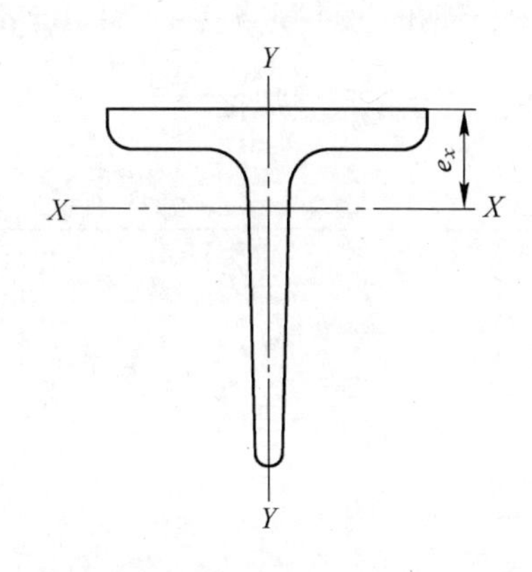

规格	截面面积	重量	尺寸							重心位置	截面特性					
											X—X			Y—Y		
			A	B	T	t	R_1	R_2	R_3		I_x	Z_x	r_x	I_y	Z_y	r_y
	cm^2	kg/m	mm	mm	mm	mm	mm	mm	mm	cm	cm^4	cm^3	cm	cm^4	cm^3	cm
T20×20	1.12	0.88	20	20	3	3	3	1.5	1	0.58	0.38	0.27	0.58	0.20	0.20	0.42
T25×25	1.64	1.29	25	25	3.5	3.5	3.5	2	1	0.73	0.87	0.49	0.73	0.43	0.34	0.51
T30×30	2.26	1.77	30	30	4	4	4	2	1	0.85	1.72	0.80	0.87	0.87	0.58	0.62
T35×35	2.97	2.33	35	35	4.5	4.5	4.5	2.5	1	0.99	3.10	1.23	1.04	1.57	0.90	0.73
T40×40	3.77	2.96	40	40	5	5	5	2.5	1	1.12	5.28	1.84	1.18	2.58	1.29	0.83
T45×45	4.67	3.67	45	45	5.5	5.5	5.5	3	1.5	1.26	8.13	2.51	1.32	4.01	1.78	0.93
T50×50	5.66	4.44	50	50	6	6	6	3	1.5	1.39	12.1	3.36	1.46	6.06	2.42	1.03
T60×60	7.94	6.23	60	60	7	7	7	3.5	2	1.66	23.8	5.48	1.73	12.2	4.07	1.24
T70×70	10.6	8.32	70	70	8	8	8	4	2	1.94	44.5	8.79	2.05	22.1	6.32	1.44
T75×75	11.6	9.08	75	75	8	8	8	4.5	2.0	2.14	60.5	11.3	2.29	28.1	7.49	1.56
T80×80	13.6	10.7	80	80	9	9	9	4.5	2	2.22	73.7	12.8	2.33	37.0	9.25	1.65
T90×90	17.1	13.4	90	90	10	10	10	5	2.5	2.48	119	18.2	2.64	58.5	13.0	1.85
T100×100	20.9	16.4	100	100	11	11	11	5.5	3	2.74	179	24.6	2.92	88.3	17.7	2.05
T120×120	29.6	23.2	120	120	13	13	13	6.5	3	3.28	366	42.0	3.51	178	29.7	2.45
T140×140	39.9	31.3	140	140	15	15	15	7.5	4	3.80	660	64.7	4.07	330	47.2	2.88

3.2　工字钢尺寸规格

美国工字钢的尺寸规格（ASTM A6/A6M—2009）如表3-2-1所示。

3.2.1　美国工字钢尺寸规格

表3-2-1　工字钢尺寸规格

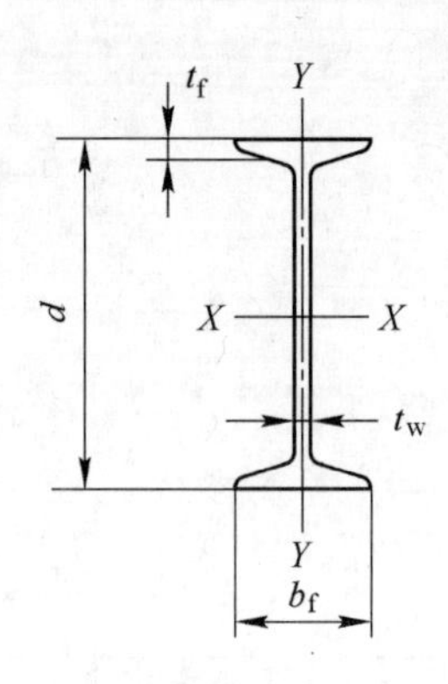

牌号[公称高度(in)和重量(lb/lft)]	面积 A /in²	高度 d /in	凸缘		腹板厚度① t_w/in	牌号[公称高度(mm)和重量(kg/m)]	面积 A /mm²	高度 d /mm	凸缘		腹板厚度① t_w/mm
			宽度 b_f /in	厚度① t_f/in					宽度 b_f /mm	厚度① t_f /mm	
S24×121	35.6	24.50	8.050	1.090	0.800	S610×180	23000	622	204	27.7	20.3
×106	31.2	24.50	7.870	1.090	0.620	×158	20100	622	200	27.7	15.7
S24×100	29.3	24.00	7.245	0.870	0.745	S610×149	18900	610	184	22.1	18.9
×90	26.5	24.00	7.125	0.870	0.625	×134	17100	610	181	22.1	15.9
×80	23.5	24.00	7.000	0.870	0.500	×119	15200	610	178	22.1	12.7
S20×96	28.2	20.30	7.200	0.920	0.800	S510×143	18200	516	183	23.4	20.3
×86	25.3	20.30	7.060	0.920	0.660	×128	16300	516	179	23.4	16.8
S20×75	22.0	20.00	6.385	0.795	0.635	S510×112	14200	508	162	20.2	16.1
×66	19.4	20.00	6.255	0.795	0.505	×98	12500	508	159	20.2	12.8
S18×70	20.6	18.00	6.251	0.691	0.711	S460×104	13300	457	159	17.6	18.1
×54.7	16.1	18.00	6.001	0.691	0.461	×81.4	10400	457	152	17.6	11.7
S15×50	14.7	15.00	5.640	0.622	0.550	S380×74	9480	381	143	15.8	14.0
×42.9	12.6	15.00	5.501	0.622	0.411	×64	8130	381	140	15.8	10.4

续表 3-2-1

牌号［公称高度（in）和重量（lb/lft）］	面积 A /in^2	高度 d /in	凸缘		腹板厚度① t_w/in	牌号［公称高度（mm）和重量（kg/m）］	面积 A /mm^2	高度 d /mm	凸缘		腹板厚度① t_w/mm
			宽度 b_f /in	厚度① t_f/in					宽度 b_f /mm	厚度① t_f /mm	
S12×50	14.7	12.00	5.477	0.659	0.687	S310×74	9480	305	139	16.7	17.4
×40.8	12.0	12.00	5.252	0.659	0.462	×60.7	7740	305	133	16.7	11.7
S12×35	10.3	12.00	5.078	0.544	0.428	S310×52	6650	305	129	13.8	10.9
×31.8	9.35	12.00	5.000	0.544	0.350	×47.3	6030	305	127	13.8	8.9
S10×35	10.3	10.00	4.944	0.491	0.594	S250×52	6650	254	126	12.5	15.1
×25.4	7.46	10.00	4.661	0.491	0.311	×37.8	4810	254	118	12.5	7.9
S8×23	6.77	8.00	4.171	0.425	0.441	S200×34	4370	203	106	10.8	11.2
×18.4	5.41	8.00	4.001	0.425	0.271	×27.4	3480	203	102	10.8	6.9
S6×17.25	5.07	6.00	3.565	0.359	0.465	S150×25.7	3270	152	91	9.1	11.8
×12.5	3.67	6.00	3.332	0.359	0.232	×18.6	2360	152	85	9.1	5.9
S5×10	2.94	5.00	3.004	0.326	0.214	S130×15	1880	127	76	8.3	5.4
S4×9.5	2.79	4.00	2.796	0.293	0.326	S100×14.1	1800	102	71	7.4	8.3
×7.7	2.26	4.00	2.663	0.293	0.193	×11.5	1450	102	68	7.4	4.9
S3×7.5	2.21	3.00	2.509	0.260	0.349	S75×11.2	1430	76	64	6.6	8.9
×5.7	1.67	3.00	2.330	0.260	0.170	×8.5	1080	76	59	6.6	4.3

① 凸缘和腹板的精确厚度取决于轧机轧制质量，而这些尺寸的允许偏差没有提出。

3.2.2 日本工字钢尺寸规格

日本工字钢尺寸规格（JIS G 3192—2005）如表 3-2-2 所示。

表 3-2-2　工字钢标准截面尺寸、截面面积、单位重量和截面特性

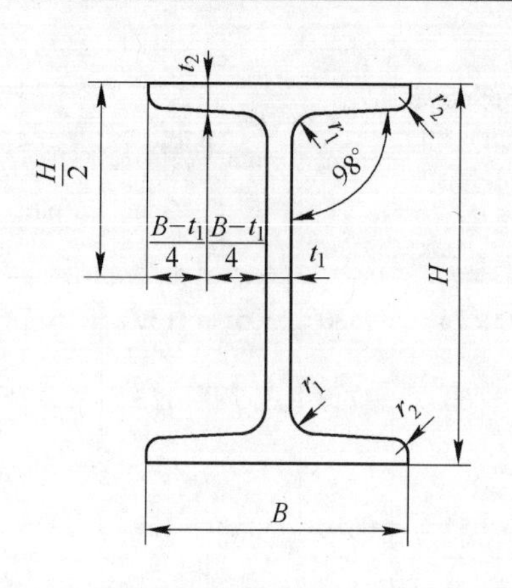

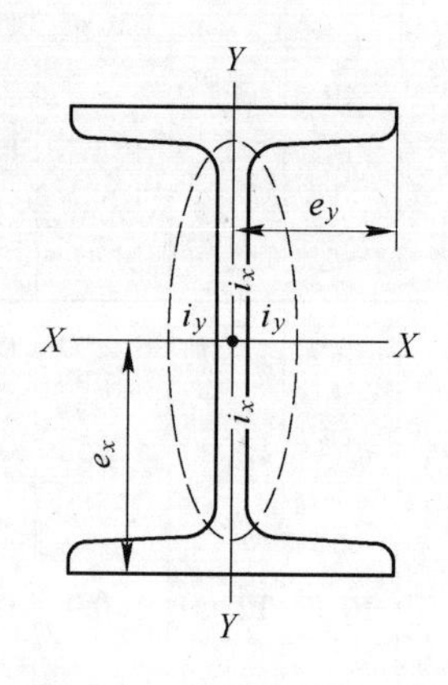

截面尺寸					截面面积 /cm²	重量 /kg·m⁻¹	截面特性							
$H \times B$ /mm×mm	t_1 /mm	t_2 /mm	r_1 /mm	r_2 /mm			重心/cm		惯性矩/cm⁴		惯性半径/cm		截面/cm³	
							C_x	C_y	I_x	I_y	i_x	i_y	Z_x	Z_y
100×75	5	8	7	3.5	16.43	12.9	0	0	281	47.3	4.14	1.70	56.2	12.6
125×75	5.5	9.5	9	4.5	20.45	16.1	0	0	538	57.5	5.13	1.68	86.0	15.3
150×75	5.5	9.5	9	4.5	21.83	17.1	0	0	819	57.5	6.12	1.62	109	15.3
150×125	8.5	14	13	6.5	46.15	36.2	0	0	1760	385	6.18	2.89	235	61.6
180×100	6	10	10	5	30.06	23.6	0	0	1670	138	7.45	2.14	186	27.5
200×100	7	10	10	5	33.06	26.0	0	0	2170	138	8.11	2.05	217	27.7
200×150	9	16	15	7.5	64.16	50.4	0	0	4460	753	8.34	3.43	446	100
250×125	7.5	12.5	12	6	48.79	38.3	0	0	5180	337	10.3	2.63	414	53.9
250×125	10	19	21	10.5	70.73	55.5	0	0	7310	538	10.2	2.76	585	86.0
300×150	8	13	12	6	61.58	48.3	0	0	9480	588	12.4	3.09	632	78.4
300×150	10	18.5	19	9.5	83.47	65.5	0	0	12700	886	12.3	3.26	849	118
300×150	11.5	22	23	11.5	97.88	76.8	0	0	14700	1080	12.2	3.32	978	143
350×150	9	15	13	6.5	74.58	58.5	0	0	15200	702	14.3	3.07	870	93.5
350×150	12	24	25	12.5	111.1	87.2	0	0	22400	1180	14.2	3.26	1280	158
400×150	10	18	17	8.5	91.73	72.0	0	0	24100	864	16.2	3.07	1200	115
400×150	12.5	25	27	13.5	122.1	95.8	0	0	31700	1240	16.1	3.18	1580	165
450×175	11	20	19	9.5	116.8	91.7	0	0	39200	1510	18.3	3.60	1740	173
450×175	13	26	27	13.5	146.1	115	0	0	48800	2020	18.3	3.72	2170	231
600×190	13	25	25	12.5	169.4	133	0	0	98400	2460	24.1	3.81	3280	259
600×190	16	35	38	19	224.5	176	0	0	130000	3540	24.1	3.97	4330	373

3.2.3　欧洲工字钢尺寸规格

欧洲 IPB 系列工字钢尺寸、重量及静态参数（DIN 1025-2）如表 3-2-3 所示。

表 3-2-3 IPB 系列工字钢尺寸、重量和静态参数

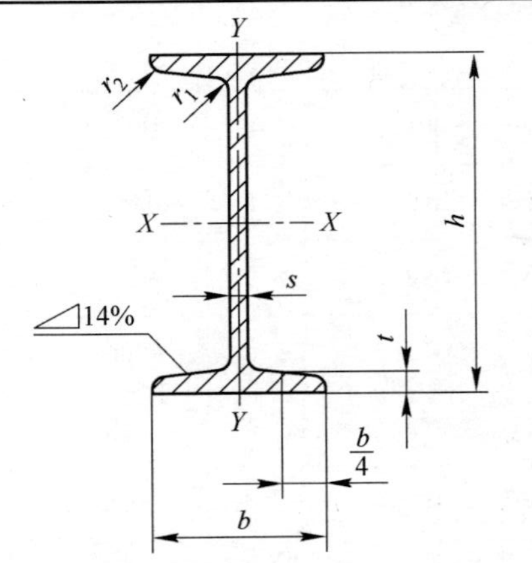

型号	截面尺寸/mm						截面面积 /cm^2	重量 /kg·m^{-1}	表面积 /m^2·m^{-1}	截面特性①						S_x② /cm^3	s_x③ /cm
										X—X			Y—Y				
	h	b	s	t	r_1	r_2				I_x /cm^4	W_x /cm^3	i_x /cm	I_y /cm^4	W_y /cm^3	i_y /cm		
80	80	42	3.9	5.9	3.9	2.3	7.57	5.94	0.304	77.8	19.5	3.20	6.29	3.00	0.91	11.4	6.84
100	100	50	4.5	6.8	4.5	2.7	10.6	8.34	0.370	171	34.2	4.01	12.2	4.88	1.07	19.9	8.57
120	120	58	5.1	7.7	5.1	3.1	14.2	11.1	0.439	328	54.7	4.81	21.5	7.41	1.23	31.8	10.3
140	140	66	5.7	8.6	5.7	3.4	18.2	14.3	0.502	573	81.9	5.61	35.2	10.7	1.40	47.7	12.0
160	160	74	6.3	9.5	6.3	3.8	22.8	17.9	0.575	935	117	6.40	54.7	14.8	1.55	68.0	13.7
180	180	82	6.9	10.4	6.9	4.1	27.9	21.9	0.640	1450	161	7.20	81.3	19.8	1.71	93.4	15.5
200	200	90	7.5	11.3	7.5	4.5	33.4	26.2	0.709	2140	214	8.00	117	26.0	1.87	125	17.2

续表 3-2-3

型号	截面尺寸/mm						截面面积 /cm²	重量 /kg·m⁻¹	表面积 /m²·m⁻¹	截面特性①						S_x② /cm³	s_x③ /cm
										X—X			Y—Y				
	h	b	s	t	r_1	r_2				I_x /cm⁴	W_x /cm³	i_x /cm	I_y /cm⁴	W_y /cm³	i_y /cm		
220	220	98	8.1	12.2	8.1	4.9	39.5	31.1	0.775	3060	278	8.80	162	33.1	2.02	162	18.9
240	240	106	8.7	13.1	8.7	5.2	46.1	36.2	0.844	4250	354	9.59	221	41.7	2.20	206	20.6
260	260	113	9.4	14.1	9.4	5.6	53.3	41.9	0.906	5740	442	10.4	288	51.0	2.32	257	22.3
280	280	119	10.1	15.2	10.1	6.1	61.0	47.9	0.966	7590	542	11.1	364	61.2	2.45	316	24.0
300	300	125	10.8	16.2	10.8	6.5	69.0	54.2	1.03	9800	653	11.9	451	72.2	2.56	381	25.7
320	320	131	11.5	17.3	11.5	6.9	77.7	61.0	1.09	12510	782	12.7	555	84.7	2.67	457	27.4
340	340	137	12.2	18.3	12.2	7.3	86.7	68.0	1.15	15700	923	13.5	674	98.4	2.80	540	29.1
360	360	143	13.0	19.5	13.0	7.8	97.0	76.1	1.21	19610	1090	14.2	818	114	2.90	638	30.7
380	380	149	13.7	20.5	13.7	8.2	107	84.0	1.27	24010	1260	15.0	975	131	3.02	741	32.4
400	400	155	14.4	21.6	14.4	8.6	118	92.4	1.33	29210	1460	15.7	1160	149	3.13	857	34.1
450	450	170	16.2	24.3	16.2	9.7	147	115	1.48	45850	2040	17.7	1730	203	3.43	1200	38.3
500	500	185	18.0	27.0	18.0	10.8	179	141	1.63	68740	2750	19.6	2480	268	3.72	1620	42.4
550	550	200	19.0	30.0	19.0	11.9	212	166	1.80	99180	3610	21.6	3490	349	4.02	2120	46.8

① I 表示惯性矩，W 表示截面模数，i 表示惯性半径；

② S_x 表示横截面一半的惯性矩；

③ $s_x = I_x : S_x$，表示压应力中心和拉应力中心的距离。

3.2.4 英国工字钢尺寸规格

英国工字钢尺寸规格（BS 4-1：2005）如表3-2-4所示。

表3-2-4 工字钢规格

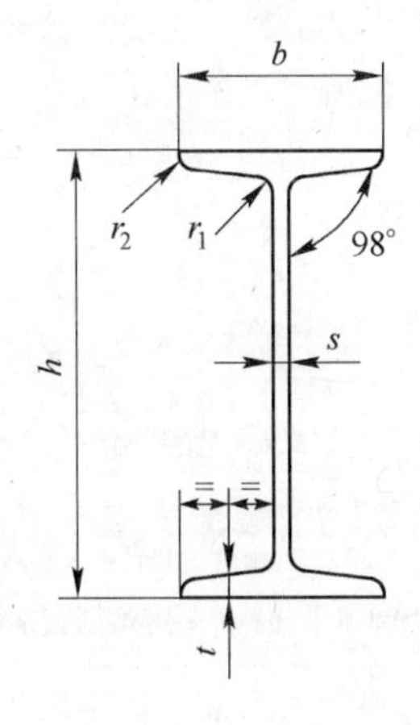

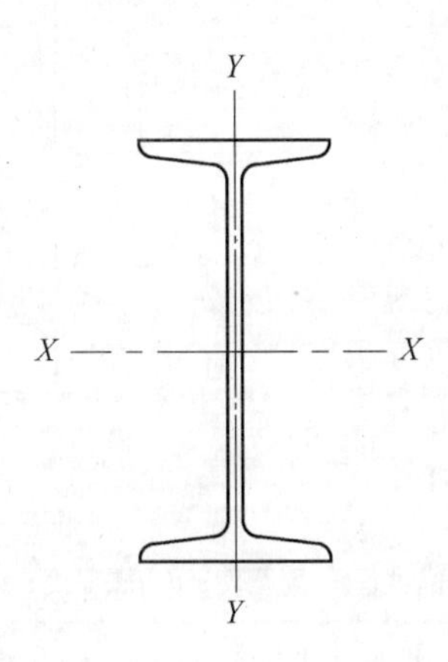

型号	单位重量	高度	宽度	厚度		圆角半径	
				腰	腿		
		h	b	s	t	r_1	r_2
	kg/m	mm	mm	mm	mm	mm	mm
254×203×82	82.0	254.0	203.2	10.2	19.9	19.6	9.7
254×114×37	37.2	254.0	114.3	7.6	12.8	12.4	6.1
203×152×52	52.3	203.2	152.4	8.9	16.5	15.5	7.6
152×127×37	37.3	152.4	127.0	10.4	13.2	13.5	6.6
127×114×29	29.3	127.0	114.3	10.2	11.5	9.9	4.8
127×114×27	26.9	127.0	114.3	7.4	11.4	9.9	5.0
127×76×16	16.5	127.0	76.2	5.6	9.6	9.4	4.6
114×114×27	26.9	114.3	114.3	9.5	10.7	14.2	3.2
102×102×23	23.0	101.6	101.6	9.5	10.3	11.1	3.2
102×44×7	7.5	101.6	44.5	4.3	6.1	6.9	3.3
89×89×19	19.5	88.9	88.9	9.5	9.9	11.1	3.2
76×76×15	15.0	76.2	80.0	8.9	8.4	9.4	4.6
76×76×13	12.8	76.2	76.2	5.1	8.4	9.4	4.6

3.2.5 我国工字钢尺寸规格

我国工字钢尺寸规格（GB/T 706—2008）如表3-2-5所示。

表3-2-5 工字钢截面尺寸、截面面积、理论重量及截面特性

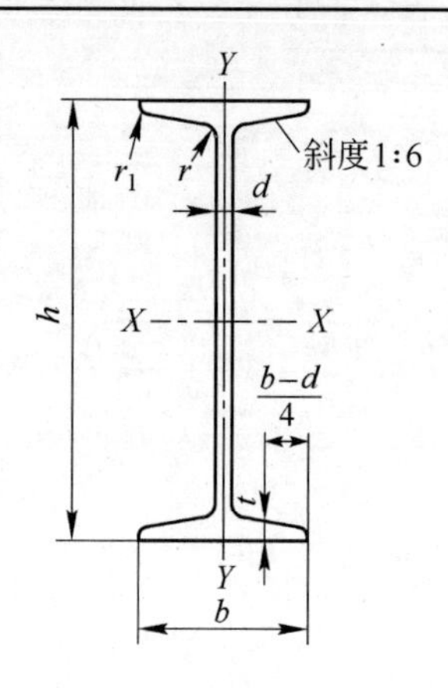

h—高度；b—腿宽度；d—腰厚度；t—平均腿厚度；r—内圆弧半径；r_1—腿端圆弧半径

型号	截面尺寸/mm						截面面积	理论重量	惯性矩/cm^4		惯性半径/cm		截面模数/cm^3	
	h	b	d	t	r	r_1	/cm^2	/$kg\cdot m^{-1}$	I_x	I_y	i_x	i_y	W_x	W_y
10	100	68	4.5	7.6	6.5	3.3	14.345	11.261	245	33.0	4.14	1.52	49.0	9.72
12	120	74	5.0	8.4	7.0	3.5	17.818	13.987	436	46.9	4.95	1.62	72.7	12.7
12.6	126	74	5.0	8.4	7.0	3.5	18.118	14.223	488	46.9	5.20	1.61	77.5	12.7
14	140	80	5.5	9.1	7.5	3.8	21.516	16.890	712	64.4	5.76	1.73	102	16.1
16	160	88	6.0	9.9	8.0	4.0	26.131	20.513	1130	93.1	6.58	1.89	141	21.2
18	180	94	6.5	10.7	8.5	4.3	30.756	24.143	1660	122	7.36	2.00	185	26.0
20a	200	100	7.0	11.4	9.0	4.5	35.578	27.929	2370	158	8.15	2.12	237	31.5
20b		102	9.0				39.578	31.069	2500	169	7.96	2.06	250	33.1
22a	220	110	7.5	12.3	9.5	4.8	42.128	33.070	3400	225	8.99	2.31	309	40.9
22b		112	9.5				46.528	36.524	3570	239	8.78	2.27	325	42.7
24a	240	116	8.0	13.0	10.0	5.0	47.741	37.477	4570	280	9.77	2.42	381	48.4
24b		118	10.0				52.541	41.245	4800	297	9.57	2.38	400	50.4
25a	250	116	8.0				48.541	38.105	5020	280	10.2	2.40	402	48.3
25b		118	10.0				53.541	42.030	5280	309	9.94	2.40	423	52.4
27a	270	122	8.5	13.7	10.5	5.3	54.554	42.825	6550	345	10.9	2.51	485	56.6
27b		124	10.5				59.954	47.064	6870	366	10.7	2.47	509	58.9
28a	280	122	8.5				55.404	43.492	7110	345	11.3	2.50	508	56.6
28b		124	10.5				61.004	47.888	7480	379	11.1	2.49	534	61.2

续表 3-2-5

型号	截面尺寸/mm						截面面积	理论重量	惯性矩/cm^4		惯性半径/cm		截面模数/cm^3	
	h	b	d	t	r	r_1	/cm^2	/$kg \cdot m^{-1}$	I_x	I_y	i_x	i_y	W_x	W_y
30a	300	126	9.0	14.4	11.0	5.5	61.254	48.084	8950	400	12.1	2.55	597	63.5
30b		128	11.0				67.254	52.794	9400	422	11.8	2.50	627	65.9
30c		130	13.0				73.254	57.504	9850	445	11.6	2.46	657	68.5
32a	320	130	9.5	15.0	11.5	5.8	67.156	52.717	11100	460	12.8	2.62	692	70.8
32b		132	11.5				73.556	57.741	11600	502	12.6	2.61	726	76.0
32c		134	13.5				79.956	62.765	12200	544	12.3	2.61	760	81.2
36a	360	136	10.0	15.8	12.0	6.0	76.480	60.037	15800	552	14.4	2.69	875	81.2
36b		138	12.0				83.680	65.689	16500	582	14.1	2.64	919	84.3
36c		140	14.0				90.880	71.341	17300	612	13.8	2.60	962	87.4
40a	400	142	10.5	16.5	12.5	6.3	86.112	67.598	21700	660	15.9	2.77	1090	93.2
40b		144	12.5				94.112	73.878	22800	692	15.6	2.71	1140	96.2
40c		146	14.5				102.112	80.158	23900	727	15.2	2.65	1190	99.6
45a	450	150	11.5	18.0	13.5	6.8	102.446	80.420	32200	855	17.7	2.89	1430	114
45b		152	13.5				111.446	87.485	33800	894	17.4	2.84	1500	118
45c		154	15.5				120.446	94.550	35300	938	17.1	2.79	1570	122
50a	500	158	12.0	20.0	14.0	7.0	119.304	93.654	46500	1120	19.7	3.07	1860	142
50b		160	14.0				129.304	101.504	48600	1170	19.4	3.01	1940	146
50c		162	16.0				139.304	109.354	50600	1220	19.0	2.96	2080	151
55a	550	166	12.5	21.0	14.5	7.3	134.185	105.335	62900	1370	21.6	3.19	2290	164
55b		168	14.5				145.185	113.970	65600	1420	21.2	3.14	2390	170
55c		170	16.5				156.185	122.605	68400	1480	20.9	3.08	2490	175
56a	560	166	12.5				135.435	106.316	65600	1370	22.0	3.18	2340	165
56b		168	14.5				146.635	115.108	68500	1490	21.6	3.16	2450	174
56c		170	16.5				157.835	123.900	71400	1560	21.3	3.16	2550	183
63a	630	176	13.0	22.0	15.0	7.5	154.658	121.407	93900	1700	24.5	3.31	2980	193
63b		178	15.0				167.258	131.298	98100	1810	24.2	3.29	3160	204
63c		180	17.0				179.858	141.189	102000	1920	23.8	3.27	3300	214

注：r、r_1 的数据用于孔型设计，不作交货条件。

3.2.6　国际标准化组织工字钢尺寸规格

国际标准化组织工字钢尺寸规格（ISO 657-15、ISO 657-16）如表3-2-6和表3-2-7所示。

表3-2-6　热轧工字钢尺寸和截面特性（ISO 657-15）

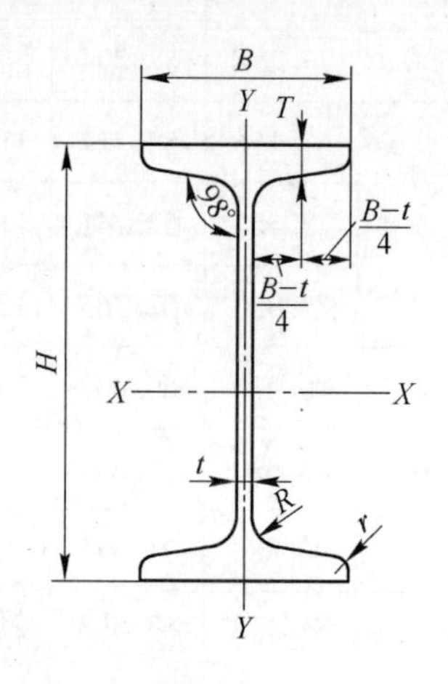

代号	重量	截面面积	尺寸						截面特性					
									X—X			Y—Y		
	M	A	H	B	T	t	R①	r①	I_x	Z_x	r_x	I_y	Z_y	r_y
	kg/m	cm^2	mm	mm	mm	mm	mm	mm	cm^4	cm^3	cm	cm^4	cm^3	cm
SB80×6	6.03	7.69	80	40	6.0	4.0	6.0	3.0	77.7	19.4	3.18	5.65	2.82	0.857
SB100×8	8.57	10.9	100	50	6.8	4.5	7.0	3.5	175	35.0	4.01	12.3	4.93	1.06
SB120×12	11.5	14.7	120	60	7.6	5.0	8.0	4.0	342	57.0	4.83	23.5	7.84	1.27
SB140×15	14.8	18.8	140	70	8.4	5.5	8.0	4.0	603	86.2	5.66	41.2	11.8	1.48
SB160×18	18.5	23.6	160	80	9.2	6.0	9.0	4.5	993	124	6.49	66.7	16.7	1.68
SB180×23	22.7	28.9	180	90	10.0	6.5	10.0	5.0	1540	172	7.31	103	22.8	1.89
SB200×27	27.2	34.6	200	100	10.8	7.0	11.0	5.5	2300	230	8.14	151	30.2	2.09
SB220×32	32.1	40.8	220	110	11.6	7.5	11.0	5.5	3290	299	8.77	216	39.2	2.30
SB240×36	36.4	46.3	240	120	12.0	7.8	12.0	6.0	4450	371	9.81	286	47.7	2.49
SB250×38	38.4	49.0	250	125	12.2	7.9	12.0	6.0	5130	410	10.2	328	52.4	2.56
SB270×41	41.3	52.6	270	125	12.7	8.2	13.0	6.5	6340	470	11.0	343	54.9	2.55
SB300×46	45.8	58.4	300	130	13.2	8.5	13.0	6.5	8620	574	12.2	402	61.8	2.62
SB350×56	58.8	71.1	350	140	14.6	9.1	15.0	7.5	14200	812	14.1	556	79.5	2.80
SB400×66	65.5	83.5	400	150	15.5	9.7	16.0	8.0	21600	1080	16.1	725	96.7	2.95

续表 3-2-6

代 号	重量	截面面积	尺 寸						截 面 特 性					
									X—X			Y—Y		
	M	A	H	B	T	t	R①	r①	I_x	Z_x	r_x	I_y	Z_y	r_y
	kg/m	cm^2	mm	mm	mm	mm	mm	mm	cm^4	cm^3	cm	cm^4	cm^3	cm
SB450×76	76.1	96.9	450	160	16.5	10.3	16.0	8.0	31400	1400	18.0	940	117	3.11
SB500×91	91.2	116.0	500	170	18.7	11.0	19.0	9.5	46600	1870	20.0	1290	151	3.33
SB550×107	107	136.0	550	180	20.4	12.0	20.0	10.0	65700	2390	21.9	1680	186	3.51
SB600×131	131	167.0	600	210	22.1	13.0	22.0	11.0	97500	3250	24.1	2850	271	4.13

① 不作为交货条件，仅供计算使用。

表 3-2-7 热轧工字钢尺寸和截面特性（ISO 657-16）

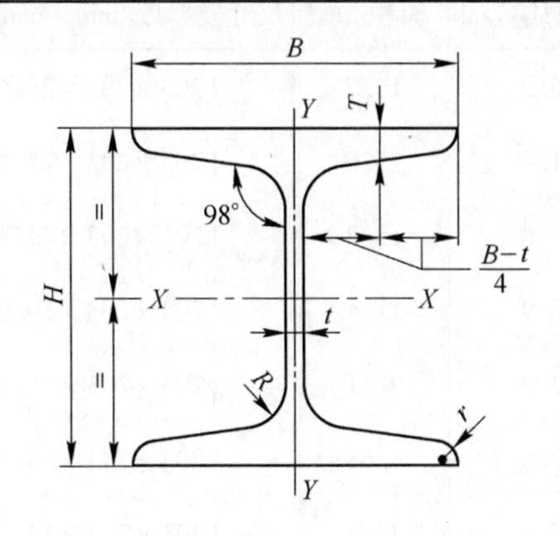

型号	重量	截面面积	尺 寸						截 面 特 性					
									X—X			Y—Y		
	M	A	H	B	t	T	R①	r①	I_x	Z_x	r_x	I_y	Z_y	r_y
	kg/m	cm^2	mm	mm	mm	mm	mm	mm	cm^4	cm^3	cm	cm^4	cm^3	cm
SC100	20.0	25.5	100	100	6.0	10	12	6.0	436	87.2	4.13	136	27.2	2.31
SC120	26.2	33.4	120	120	6.5	11	12	6.0	842	140	5.02	255	42.6	2.76
SC140	33.3	42.4	140	140	7.0	12	12	6.0	1470	211	5.89	438	62.5	3.21
SC160	41.9	53.4	160	160	8.0	13	15	7.5	2420	303	6.74	695	86.8	3.61
SC180	50.5	64.4	180	180	8.5	14	15	7.5	3740	415	7.62	1060	117	4.05
SC200	60.3	76.8	200	200	9.0	15	18	9.0	5530	553	8.48	1530	153	4.46
SC220	70.4	89.8	220	220	9.5	16	18	9.0	7880	716	9.35	2160	196	4.90
SC250	85.6	109	250	250	10.0	17	23	11.5	12500	997	10.7	3260	260	5.46

3.3　角钢尺寸规格

3.3.1　美国角钢尺寸规格

美国等边角钢和不等边角钢尺寸规格(ASTM A6/A6M—2009)如表3-3-1及表3-3-2所示。

表3-3-1　等边角钢

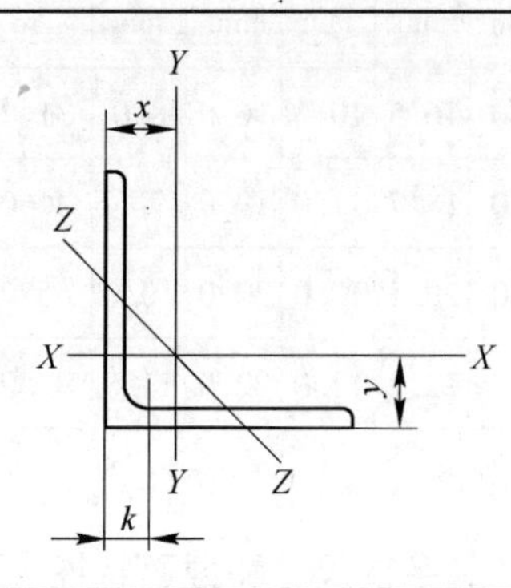

尺寸及厚度/in×in×in	每英尺质量/lb	面积/in^2	尺寸及厚度/mm×mm×mm	每米质量/kg	面积/mm^2
$L8\times8\times1\frac{1}{8}$	56.9	16.7	L203×203×28.6	84.7	10800
L8×8×1	51.0	15.0	L203×203×25.4	75.9	9680
$L8\times8\times\frac{7}{8}$	45.0	13.2	L203×203×22.2	67.0	8502
$L8\times8\times\frac{3}{4}$	38.9	11.4	L203×203×19.0	57.9	7360
$L8\times8\times\frac{5}{8}$	32.7	9.61	L203×203×15.9	48.7	6200
$L8\times8\times\frac{9}{16}$	29.6	8.68	L203×203×14.3	44.0	5600
$L8\times8\times\frac{1}{2}$	26.4	7.75	L203×203×12.7	39.3	5000
L6×6×1	37.4	11.0	L152×152×25.4	55.7	7100
$L6\times6\times\frac{7}{8}$	33.1	9.73	L152×152×22.2	49.3	6280
$L6\times6\times\frac{3}{4}$	28.7	8.44	L152×152×19.0	42.7	5450
$L6\times6\times\frac{5}{8}$	24.2	7.11	L152×152×15.9	36.0	4590
$L6\times6\times\frac{9}{16}$	21.9	6.43	L152×152×14.3	32.6	4150
$L6\times6\times\frac{1}{2}$	19.6	5.75	L152×152×12.7	29.2	3710
$L6\times6\times\frac{7}{16}$	17.2	5.06	L152×152×11.1	25.6	3270
$L6\times6\times\frac{3}{8}$	14.9	4.36	L152×152×9.5	22.2	2810
$L6\times6\times\frac{5}{16}$	12.4	3.65	L152×152×7.9	18.5	2360

续表 3-3-1

尺寸及厚度/in×in×in	每英尺质量/lb	面积/in^2	尺寸及厚度/mm×mm×mm	每米质量/kg	面积/mm^2
L5×5×$\frac{7}{8}$	27.2	7.98	L127×127×22.2	40.5	5150
L5×5×$\frac{3}{4}$	23.6	6.94	L127×127×19.0	35.1	4480
L5×5×$\frac{5}{8}$	20.0	5.86	L127×127×15.9	29.8	3780
L5×5×$\frac{1}{2}$	16.2	4.75	L127×127×12.7	24.1	3070
L5×5×$\frac{7}{16}$	14.3	4.18	L127×127×11.1	21.3	2700
L5×5×$\frac{3}{8}$	12.3	3.61	L127×127×9.5	18.3	2330
L5×5×$\frac{5}{16}$	10.3	3.03	L127×127×7.9	15.3	1960
L4×4×$\frac{3}{4}$	18.5	5.44	L102×102×19.0	27.5	3510
L4×4×$\frac{5}{8}$	15.7	4.61	L102×102×15.9	23.4	2970
L4×4×$\frac{1}{2}$	12.8	3.75	L102×102×12.7	19.0	2420
L4×4×$\frac{7}{16}$	11.3	3.31	L102×102×11.1	16.8	2140
L4×4×$\frac{3}{8}$	9.8	2.86	L102×102×9.5	14.6	1850
L4×4×$\frac{5}{16}$	8.2	2.40	L102×102×7.9	12.2	1550
L4×4×$\frac{1}{4}$	6.6	1.94	L102×102×6.4	9.8	1250
L3$\frac{1}{2}$×3$\frac{1}{2}$×$\frac{1}{2}$	11.1	3.25	L89×89×12.7	16.5	2100
L3$\frac{1}{2}$×3$\frac{1}{2}$×$\frac{7}{16}$	9.8	2.87	L89×89×11.1	14.6	1850
L3$\frac{1}{2}$×3$\frac{1}{2}$×$\frac{3}{8}$	8.5	2.48	L89×89×9.5	12.6	1600
L3$\frac{1}{2}$×3$\frac{1}{2}$×$\frac{5}{16}$	7.2	2.09	L89×89×7.9	10.7	1350
L3$\frac{1}{2}$×3$\frac{1}{2}$×$\frac{1}{4}$	5.8	1.69	L89×89×6.4	8.6	1090
L3×3×$\frac{1}{2}$	9.4	2.75	L76×76×12.7	14.0	1770
L3×3×$\frac{7}{16}$	8.3	2.43	L76×76×11.1	12.4	1570
L3×3×$\frac{3}{8}$	7.2	2.11	L76×76×9.5	10.7	1360
L3×3×$\frac{5}{16}$	6.1	1.78	L76×76×7.9	9.1	1150
L3×3×$\frac{1}{4}$	4.9	1.44	L76×76×6.4	7.3	929
L3×3×$\frac{3}{16}$	3.71	1.09	L76×76×4.8	5.5	703

续表 3-3-1

尺寸及厚度/in×in×in	每英尺质量/lb	面积/in^2	尺寸及厚度/mm×mm×mm	每米质量/kg	面积/mm^2
L$2\frac{1}{2}\times2\frac{1}{2}\times\frac{1}{2}$	7.70	2.25	L64×64×12.7	11.4	1450
L$2\frac{1}{2}\times2\frac{1}{2}\times\frac{3}{8}$	5.90	1.73	L64×64×9.5	8.7	1120
L$2\frac{1}{2}\times2\frac{1}{2}\times\frac{5}{16}$	5.00	1.46	L64×64×7.9	7.4	942
L$2\frac{1}{2}\times2\frac{1}{2}\times\frac{1}{4}$	4.10	1.19	L64×64×6.4	6.1	768
L$2\frac{1}{2}\times2\frac{1}{2}\times\frac{3}{16}$	3.07	0.90	L64×64×4.8	4.6	581
L$2\times2\times\frac{3}{8}$	4.70	1.36	L51×51×9.5	7.0	877
L$2\times2\times\frac{5}{16}$	3.92	1.15	L51×51×7.9	5.8	742
L$2\times2\times\frac{1}{4}$	3.19	0.938	L51×51×6.4	4.7	605
L$2\times2\times\frac{3}{16}$	2.44	0.715	L51×51×4.8	3.6	461
L$2\times2\times\frac{1}{8}$	1.65	0.484	L51×51×3.2	2.4	312
L$1\frac{3}{4}\times1\frac{3}{4}\times\frac{1}{4}$	2.77	0.813	L44×44×6.4	4.1	525
L$1\frac{3}{4}\times1\frac{3}{4}\times\frac{3}{16}$	2.12	0.621	L44×44×4.8	3.1	401
L$1\frac{3}{4}\times1\frac{3}{4}\times\frac{1}{8}$	1.44	0.422	L44×44×3.2	2.1	272
L$1\frac{1}{2}\times1\frac{1}{2}\times\frac{1}{4}$	2.34	0.688	L38×38×6.4	3.4	444
L$1\frac{1}{2}\times1\frac{1}{2}\times\frac{3}{16}$	1.80	0.527	L38×38×4.8	2.7	340
L$1\frac{1}{2}\times1\frac{1}{2}\times\frac{5}{32}$	1.52	0.444	L38×38×4.0	2.2	286
L$1\frac{1}{2}\times1\frac{1}{2}\times\frac{1}{8}$	1.23	0.359	L38×38×3.2	1.8	232
L$1\frac{1}{4}\times1\frac{1}{4}\times\frac{1}{4}$	1.92	0.563	L32×32×6.4	2.8	363
L$1\frac{1}{4}\times1\frac{1}{4}\times\frac{3}{16}$	1.48	0.434	L32×32×4.8	2.2	280
L$1\frac{1}{4}\times1\frac{1}{4}\times\frac{1}{8}$	1.01	0.297	L32×32×3.2	1.5	192
L$1\times1\times\frac{1}{4}$	1.49	0.438	L25×25×6.4	2.2	283
L$1\times1\times\frac{3}{16}$	1.16	0.340	L25×25×4.8	1.8	219
L$1\times1\times\frac{1}{8}$	0.80	0.234	L25×25×3.2	1.2	151
L$\frac{3}{4}\times\frac{3}{4}\times\frac{1}{8}$	0.59	0.172	L19×19×3.2	0.9	111

表 3-3-2 不等边角钢

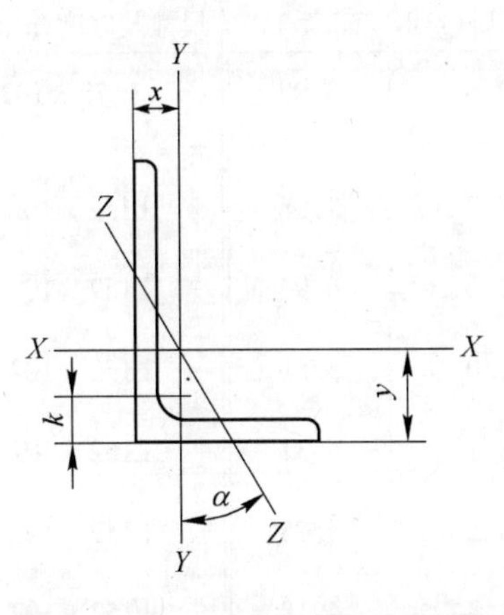

尺寸及厚度/in×in×in	每英尺质量/lb	面积/in^2	尺寸及厚度/mm×mm×mm	每米质量/kg	面积/mm^2
L8×6×1	44.2	13.0	L203×152×25.4	65.5	8390
L8×6×$\frac{7}{8}$	39.1	11.5	L203×152×22.2	57.9	7420
L8×6×$\frac{3}{4}$	33.8	9.94	L203×152×19.0	50.1	6410
L8×6×$\frac{5}{8}$	28.5	8.36	L203×152×15.9	42.2	5390
L8×6×$\frac{9}{16}$	25.7	7.56	L203×152×14.3	38.1	4880
L8×6×$\frac{1}{2}$	23.0	6.75	L203×152×12.7	34.1	4350
L8×6×$\frac{7}{16}$	20.2	5.93	L203×152×11.1	29.9	3830
L8×4×1	37.4	11.0	L203×102×25.4	55.4	7100
L8×4×$\frac{7}{8}$	33.1	9.73	L203×102×22.2	49.3	6280
L8×4×$\frac{3}{8}$	28.7	8.44	L203×102×19.0	42.5	5450
L8×4×$\frac{9}{16}$	21.9	6.43	L203×102×14.3	32.4	4150
L8×4×$\frac{1}{2}$	19.6	5.75	L203×102×12.7	29.0	3710
L8×4×$\frac{5}{8}$	24.2	7.11	L203×102×15.9	36.0	4590
L8×4×$\frac{7}{16}$	17.2	5.06	L203×102×11.1	25.6	3260
L7×4×$\frac{3}{4}$	26.2	7.69	L178×102×19.0	38.8	4960
L7×4×$\frac{5}{8}$	22.1	6.48	L178×102×15.9	32.7	4180
L7×4×$\frac{1}{2}$	17.9	5.25	L178×102×12.7	26.5	3390
L7×4×$\frac{7}{16}$	15.7	4.62	L178×102×11.1	23.4	2980

续表 3-3-2

尺寸及厚度/in × in × in	每英尺质量/lb	面积/in^2	尺寸及厚度/mm × mm × mm	每米质量/kg	面积/mm^2
$L7 \times 4 \times \frac{3}{8}$	13.6	3.98	L178 × 102 × 9.5	20.2	2570
$L6 \times 4 \times \frac{7}{8}$	27.2	7.98	L152 × 102 × 22.2	40.3	5150
$L6 \times 4 \times \frac{3}{4}$	23.6	6.94	L152 × 102 × 19.0	35.0	4480
$L6 \times 4 \times \frac{5}{8}$	20.0	5.86	L152 × 102 × 15.9	29.6	3780
$L6 \times 4 \times \frac{9}{16}$	18.1	5.31	L152 × 102 × 14.3	26.8	3430
$L6 \times 4 \times \frac{1}{2}$	16.2	4.75	L152 × 102 × 12.7	24.0	3060
$L6 \times 4 \times \frac{7}{16}$	14.3	4.18	L152 × 102 × 11.1	21.2	2700
$L6 \times 4 \times \frac{3}{8}$	12.3	3.61	L152 × 102 × 9.5	18.2	2330
$L6 \times 4 \times \frac{5}{16}$	10.3	3.03	L152 × 102 × 7.9	15.3	1950
$L6 \times 3\frac{1}{2} \times \frac{1}{2}$	15.3	4.50	L152 × 89 × 12.7	22.7	2900
$L6 \times 3\frac{1}{2} \times \frac{3}{8}$	11.7	3.42	L152 × 89 × 9.5	17.3	2210
$L6 \times 3\frac{1}{2} \times \frac{5}{16}$	9.8	2.87	L152 × 89 × 7.9	14.5	1850
$L5 \times 3\frac{1}{2} \times \frac{3}{4}$	19.8	5.81	L127 × 89 × 19.0	29.3	3750
$L5 \times 3\frac{1}{2} \times \frac{5}{8}$	16.8	4.92	L127 × 89 × 15.9	24.9	3170
$L5 \times 3\frac{1}{2} \times \frac{1}{2}$	13.6	4.00	L127 × 89 × 12.7	20.2	2580
$L5 \times 3\frac{1}{2} \times \frac{3}{8}$	10.4	3.05	L127 × 89 × 9.5	15.4	1970
$L5 \times 3\frac{1}{2} \times \frac{5}{16}$	8.7	2.56	L127 × 89 × 7.9	12.9	1650
$L5 \times 3\frac{1}{2} \times \frac{1}{4}$	7.0	2.06	L127 × 89 × 6.4	10.4	1330
$L5 \times 3 \times \frac{1}{2}$	12.8	3.75	L127 × 76 × 12.7	19.0	2420
$L5 \times 3 \times \frac{7}{16}$	11.3	3.31	L127 × 76 × 11.1	16.7	2140
$L5 \times 3 \times \frac{3}{8}$	9.8	2.86	L127 × 76 × 9.5	14.5	1850
$L5 \times 3 \times \frac{5}{16}$	8.2	2.40	L127 × 76 × 7.9	12.1	1550
$L5 \times 3 \times \frac{1}{4}$	6.6	1.94	L127 × 76 × 6.4	9.8	1250
$L4 \times 3\frac{1}{2} \times \frac{1}{2}$	11.9	3.50	L102 × 89 × 12.7	17.6	2260

续表 3-3-2

尺寸及厚度/in×in×in	每英尺质量/lb	面积/in^2	尺寸及厚度/mm×mm×mm	每米质量/kg	面积/mm^2
L4×3 $\frac{1}{2}$×$\frac{3}{8}$	9.1	2.67	L102×89×9.5	13.5	1720
L4×3 $\frac{1}{2}$×$\frac{5}{16}$	7.7	2.25	L102×89×7.9	11.4	1450
L4×3 $\frac{1}{2}$×$\frac{1}{4}$	6.2	1.81	L102×89×6.4	9.2	1170
L4×3×$\frac{5}{8}$	13.6	3.98	L102×76×15.9	20.2	2570
L4×3×$\frac{1}{2}$	11.1	3.25	L102×76×1.27	16.4	2100
L4×3×$\frac{3}{8}$	8.5	2.48	L102×76×9.5	12.6	1600
L4×3×$\frac{5}{16}$	7.2	2.09	L102×76×7.9	10.7	1350
L4×3×$\frac{1}{4}$	5.8	1.69	L102×76×6.4	8.6	1090
L3 $\frac{1}{2}$×3×$\frac{1}{2}$	10.2	3.00	L89×76×12.7	15.1	1940
L3 $\frac{1}{2}$×3×$\frac{7}{16}$	9.1	2.65	L89×76×11.1	13.5	1710
L3 $\frac{1}{2}$×3×$\frac{3}{8}$	7.9	2.30	L89×76×9.5	11.7	1480
L3 $\frac{1}{2}$×3×$\frac{5}{16}$	6.6	1.93	L89×76×7.9	9.8	1250
L3 $\frac{1}{2}$×3×$\frac{1}{4}$	5.4	1.56	L89×76×6.4	8.0	1010
L3 $\frac{1}{2}$×2 $\frac{1}{2}$×$\frac{1}{2}$	9.4	2.75	L89×64×12.7	13.9	1770
L3 $\frac{1}{2}$×2 $\frac{1}{2}$×$\frac{3}{8}$	7.2	2.11	L89×64×9.5	10.7	1360
L3 $\frac{1}{2}$×2 $\frac{1}{2}$×$\frac{5}{16}$	6.1	1.78	L89×64×7.9	9.0	1150
L3 $\frac{1}{2}$×2 $\frac{1}{2}$×$\frac{1}{4}$	4.9	1.44	L89×64×6.4	7.3	929
L3×2 $\frac{1}{2}$×$\frac{1}{2}$	8.5	2.50	L76×64×12.7	12.6	1610
L3×2 $\frac{1}{2}$×$\frac{7}{16}$	7.6	2.21	L76×64×11.1	11.3	1430
L3×2 $\frac{1}{2}$×$\frac{3}{8}$	6.6	1.92	L76×64×9.5	9.8	1240
L3×2 $\frac{1}{2}$×$\frac{5}{16}$	5.6	1.62	L76×64×7.9	8.3	1050
L3×2 $\frac{1}{2}$×$\frac{1}{4}$	4.5	1.31	L76×64×6.4	6.7	845
L3×2 $\frac{1}{2}$×$\frac{3}{16}$	3.39	0.996	L76×64×4.8	5.1	643
L3×2×$\frac{1}{2}$	7.7	2.25	L76×51×12.7	11.5	1450
L3×2×$\frac{3}{8}$	5.9	1.73	L76×51×9.5	8.8	1120

续表 3-3-2

尺寸及厚度/in × in × in	每英尺质量/lb	面积/in²	尺寸及厚度/mm × mm × mm	每米质量/kg	面积/mm²
$L3 \times 2 \times \frac{5}{16}$	5.0	1.46	L76 × 51 × 7.9	7.4	942
$L3 \times 2 \times \frac{1}{4}$	4.1	1.19	L76 × 51 × 6.4	6.1	768
$L3 \times 2 \times \frac{3}{16}$	3.07	0.902	L76 × 51 × 4.8	4.6	582
$L2\frac{1}{2} \times 2 \times \frac{3}{8}$	5.3	1.55	L64 × 51 × 9.5	7.9	1000
$L2\frac{1}{2} \times 2 \times \frac{5}{16}$	4.5	1.31	L64 × 51 × 7.9	6.7	845
$L2\frac{1}{2} \times 2 \times \frac{1}{4}$	3.62	1.06	L64 × 51 × 6.4	5.4	684
$L2\frac{1}{2} \times 2 \times \frac{3}{16}$	2.75	0.809	L64 × 51 × 4.8	4.2	522
$L2\frac{1}{2} \times 1\frac{1}{2} \times \frac{1}{4}$	3.19	0.938	L64 × 38 × 6.4	4.8	605
$L2\frac{1}{2} \times 1\frac{1}{2} \times \frac{3}{16}$	2.44	0.715	L64 × 38 × 4.8	3.6	461
$L2 \times 1\frac{1}{2} \times \frac{1}{4}$	2.77	0.813	L51 × 38 × 6.4	4.2	525
$L2 \times 1\frac{1}{2} \times \frac{3}{16}$	2.12	0.621	L51 × 38 × 4.8	3.1	401
$L2 \times 1\frac{1}{2} \times \frac{1}{8}$	1.44	0.422	L51 × 38 × 3.2	2.1	272

3.3.2　日本角钢尺寸规格

日本角钢规格（JIS G 3192—2005）如表 3-3-3 ~ 表 3-3-5 所示。

3.3.3　欧洲角钢尺寸规格

欧洲角钢规格（EN 10056-1：1999）分为等边角钢和不等边角钢，分别如表 3-3-6 和表 3-3-7 所示。

3.3.4　我国角钢尺寸规格

我国角钢规格（GB/T 706—2008）的截面尺寸、截面面积、理论重量及截面特性如表 3-3-8 和表 3-3-9 所示。

3.3.5　国际标准化组织角钢尺寸规格

国际标准化组织角钢规格的等边角钢（ISO 657-1：1989）及不等边角钢（ISO 657-2：1989）分别如表 3-3-10 和表 3-3-11 所示。

表 3-3-3 等边角钢标准截面尺寸、截面面积、单位重量和截面特性

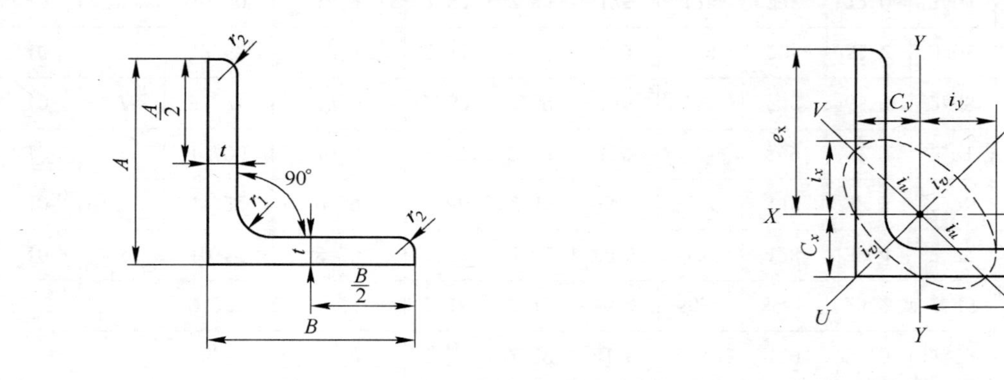

截面尺寸				截面面积 /cm²	重量 /kg·m⁻¹	截面特性											
						重心/cm		惯性矩/cm⁴				惯性半径/cm				截面模数/cm³	
$A \times B$ /mm×mm	t /mm	r_1 /mm	r_2 /mm			C_x	C_y	I_x	I_y	I_u（最大）	I_v（最小）	i_x	i_y	i_u（最大）	i_v（最小）	Z_x	Z_y
25×25	3	4	2	1.427	1.12	0.719	0.719	0.797	0.797	1.26	0.332	0.747	0.747	0.940	0.483	0.448	0.448
30×30	3	4	2	1.727	1.36	0.844	0.844	1.42	1.42	2.26	0.590	0.908	0.908	1.14	0.585	0.661	0.661
40×40	3	4.5	2	2.336	1.83	1.09	1.09	3.53	3.53	5.60	1.46	1.23	1.23	1.55	0.790	1.21	1.21
40×40	5	4.5	3	3.755	2.95	1.17	1.17	5.42	5.42	8.59	2.25	1.20	1.20	1.51	0.774	1.91	1.91
45×45	4	6.5	3	3.492	2.74	1.24	1.24	6.50	6.50	10.3	2.70	1.36	1.36	1.72	0.880	2.00	2.00
45×45	5	6.5	3	4.302	3.38	1.28	1.28	7.91	7.91	12.5	3.29	1.36	1.36	1.71	0.874	2.46	2.46
50×50	4	6.5	3	3.892	3.06	1.37	1.37	9.06	9.06	14.4	3.76	1.53	1.53	1.92	0.983	2.49	2.49
50×50	5	6.5	3	4.802	3.77	1.41	1.41	11.1	11.1	17.5	4.58	1.52	1.52	1.91	0.976	3.08	3.08
50×50	6	6.5	4.5	5.644	4.43	1.44	1.44	12.6	12.6	20.0	5.23	1.50	1.50	1.88	0.963	3.55	3.55

续表 3-3-3

截面尺寸				截面面积	重量	截面特性											
						重心/cm		惯性矩/cm^4				惯性半径/cm				截面模数/cm^3	
$A \times B$ /mm×mm	t /mm	r_1 /mm	r_2 /mm	/cm^2	/kg·m^{-1}	C_x	C_y	I_x	I_y	I_u (最大)	I_v (最小)	i_x	i_y	i_u (最大)	i_v (最小)	Z_x	Z_y
60×60	4	6.5	3	4.692	3.68	1.61	1.61	16.0	16.0	25.4	6.62	1.85	1.85	2.33	1.19	3.66	3.66
60×60	5	6.5	3	5.802	4.55	1.66	1.66	19.6	19.6	31.2	8.09	1.84	1.84	2.32	1.18	4.52	4.52
65×65	5	8.5	3	6.367	5.00	1.77	1.77	25.3	25.3	40.1	10.5	1.99	1.99	2.51	1.28	5.35	5.35
65×65	6	8.5	4	7.527	5.91	1.81	1.81	29.4	29.4	46.6	12.2	1.98	1.98	2.49	1.27	6.26	6.26
65×65	8	8.5	6	9.761	7.66	1.88	1.88	36.8	36.8	58.3	15.3	1.94	1.94	2.44	1.25	7.96	7.96
70×70	6	8.5	4	8.127	6.38	1.93	1.93	37.1	37.1	58.9	15.3	2.14	2.14	2.69	1.37	7.33	7.33
75×75	6	8.5	4	8.727	6.85	2.06	2.06	46.1	46.1	73.2	19.0	2.30	2.30	2.90	1.48	8.47	8.47
75×75	9	8.5	6	12.69	9.96	2.17	2.17	64.4	64.4	102	26.7	2.25	2.25	2.84	1.45	12.1	12.1
75×75	12	8.5	6	16.56	13.0	2.29	2.29	81.9	81.9	129	34.5	2.22	2.22	2.79	1.44	15.7	15.7
80×80	6	8.5	4	9.327	7.32	2.18	2.18	56.4	56.4	89.6	23.2	2.46	2.46	3.10	1.58	9.70	9.70
90×90	6	10	5	10.55	8.28	2.42	2.42	80.7	80.7	128	33.4	2.77	2.77	3.48	1.78	12.3	12.3
90×90	7	10	5	12.22	9.59	2.46	2.46	93.0	93.0	148	38.3	2.76	2.76	3.48	1.77	14.2	14.2
90×90	10	10	7	17.00	13.3	2.57	2.57	125	125	199	51.7	2.71	2.71	3.42	1.74	19.5	19.5
90×90	13	10	7	21.71	17.0	2.69	2.69	156	156	248	65.3	2.68	2.68	3.38	1.73	24.8	24.8
100×100	7	10	5	13.62	10.7	2.71	2.71	129	129	205	53.2	3.08	3.08	3.88	1.98	17.7	17.7
100×100	10	10	7	19.00	14.9	2.82	2.82	175	175	278	72.0	3.04	3.04	3.83	1.95	24.4	24.4

续表 3-3-3

截面尺寸				截面面积 /cm²	重量 /kg·m⁻¹	截面特性											
$A \times B$ /mm×mm	t /mm	r_1 /mm	r_2 /mm			重心/cm		惯性矩/cm⁴				惯性半径/cm				截面模数/cm³	
						C_x	C_y	I_x	I_y	I_u (最大)	I_v (最小)	i_x	i_y	i_u (最大)	i_v (最小)	Z_x	Z_y
100×100	13	10	7	24.31	19.1	2.94	2.94	220	220	348	91.1	3.00	3.00	3.78	1.94	31.1	31.1
120×120	8	12	5	18.76	14.7	3.24	3.24	258	258	410	106	3.71	3.71	4.67	2.38	29.5	29.5
130×130	9	12	6	22.74	17.9	3.53	3.53	366	366	583	150	4.01	4.01	5.06	2.57	38.7	38.7
130×130	12	12	8.5	29.76	23.4	3.64	3.64	467	467	743	192	3.96	3.96	5.00	2.54	49.9	49.9
130×130	15	12	8.5	36.75	28.8	3.76	3.76	568	568	902	234	3.93	3.93	4.95	2.53	61.5	61.5
150×150	12	14	7	34.77	27.3	4.14	4.14	740	740	1180	304	4.61	4.61	5.82	2.96	68.1	68.1
150×150	15	14	10	42.74	33.6	4.24	4.24	888	888	1410	365	4.56	4.56	5.75	2.92	82.6	82.6
150×150	19	14	10	53.38	41.9	4.40	4.40	1090	1090	1730	451	4.52	4.52	5.69	2.91	103	103
175×175	12	15	11	40.52	31.8	4.73	4.73	1170	1170	1860	480	5.38	5.38	6.78	3.44	91.8	91.8
175×175	15	15	11	50.21	39.4	4.85	4.85	1440	1440	2290	589	5.35	5.35	6.75	3.42	114	114
200×200	15	17	12	57.75	45.3	5.46	5.46	2180	2180	3470	891	6.14	6.14	7.75	3.93	150	150
200×200	20	17	12	76.00	59.7	5.67	5.67	2820	2820	4490	1160	6.09	6.09	7.68	3.90	197	197
200×200	25	17	12	93.75	73.6	5.86	5.86	3420	3420	5420	1410	6.04	6.04	7.61	3.88	242	242
250×250	25	24	12	119.4	93.7	7.10	7.10	6950	6950	11000	2860	7.63	7.63	9.62	4.90	388	388
250×250	35	24	18	162.6	128	7.45	7.45	9110	9110	14400	3790	7.49	7.49	9.42	4.83	519	519

表 3-3-4 不等边角钢标准截面尺寸、截面面积、单位重量和截面特性

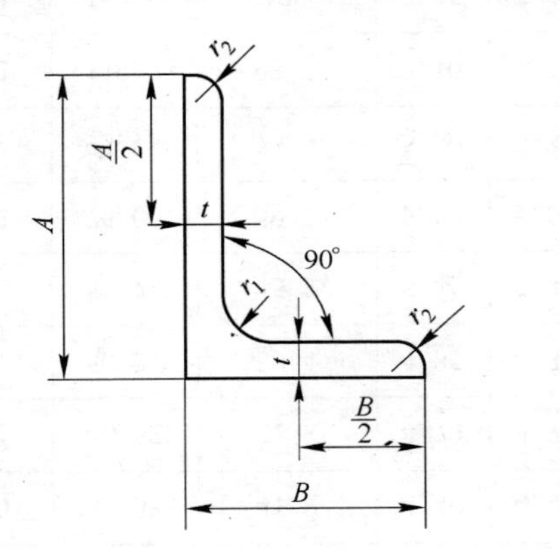

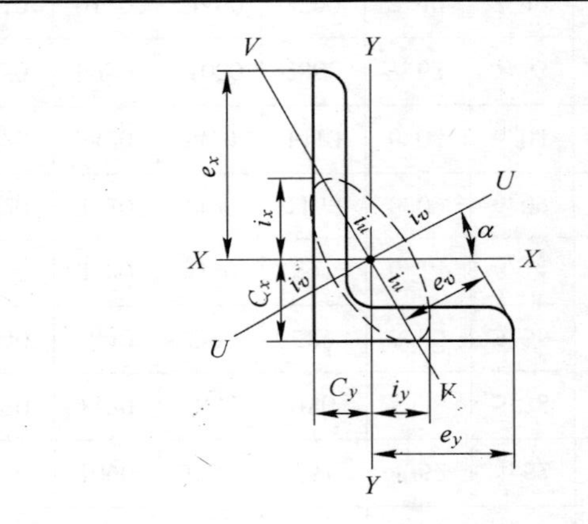

截面尺寸				截面面积 /cm²	重量 /kg·m⁻¹	截面特性												
$A \times B$ /mm×mm	t /mm	r_1 /mm	r_2 /mm			重心/cm		惯性矩/cm⁴				惯性半径/cm				tanα	截面模数/cm³	
						C_x	C_y	I_x	I_y	I_u (最大)	I_v (最小)	i_x	i_y	i_u (最大)	i_v (最小)		Z_x	Z_y
90×75	9	8.5	6	14.04	11.0	2.75	2.00	109	68.1	143	34.1	2.78	2.20	3.19	1.56	0.676	17.4	12.4
100×75	7	10	5	11.87	9.32	3.06	1.83	118	56.9	144	30.8	3.15	2.19	3.49	1.61	0.548	17.0	10.0
100×75	10	10	7	16.50	13.0	3.17	1.94	159	76.1	194	41.3	3.11	2.15	3.43	1.58	0.543	23.3	13.7
125×75	7	10	5	13.62	10.7	4.10	1.64	219	60.4	243	36.4	4.01	2.11	4.23	1.64	0.362	26.1	10.3
125×75	10	10	7	19.00	14.9	4.22	1.75	299	80.8	330	49.0	3.96	2.06	4.17	1.61	0.357	36.1	14.1
125×75	13	10	7	24.31	19.1	4.35	1.87	376	101	415	61.9	3.93	2.04	4.13	1.60	0.352	46.1	17.9
125×90	10	10	7	20.50	16.1	3.95	2.22	318	138	380	76.2	3.94	2.59	4.30	1.93	0.505	37.2	20.3
125×90	13	10	7	26.26	20.6	4.07	2.34	401	173	477	96.3	3.91	2.57	4.26	1.91	0.501	47.5	25.9
150×90	9	12	6	20.94	16.4	4.95	1.99	485	133	537	80.4	4.81	2.52	5.06	1.96	0.361	48.2	19.0
150×90	12	12	8.5	27.36	21.5	5.07	2.10	619	167	685	102	4.76	2.47	5.00	1.93	0.357	62.3	24.3
150×100	9	12	6	21.84	17.1	4.76	2.30	502	181	579	104	4.79	2.88	5.15	2.18	0.439	49.1	23.5
150×100	12	12	8.5	28.56	22.4	4.88	2.41	642	228	738	132	4.74	2.83	5.09	2.15	0.435	63.4	30.1
150×100	15	12	8.5	35.25	27.7	5.00	2.53	782	276	897	161	4.71	2.80	5.04	2.14	0.431	78.2	37.0

表 3-3-5 不等边不等厚角钢标准截面尺寸、截面面积、单位重量和截面特性

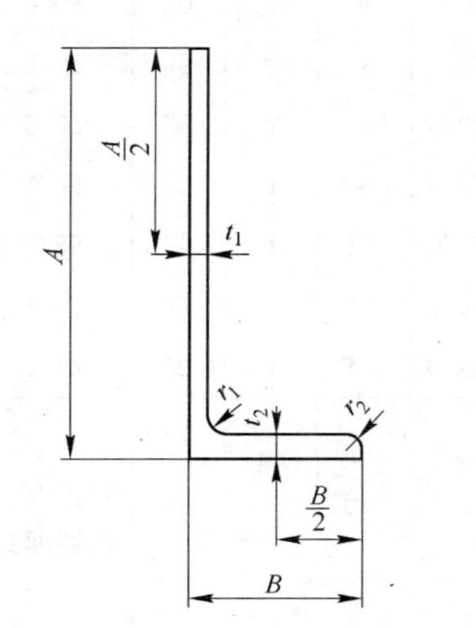

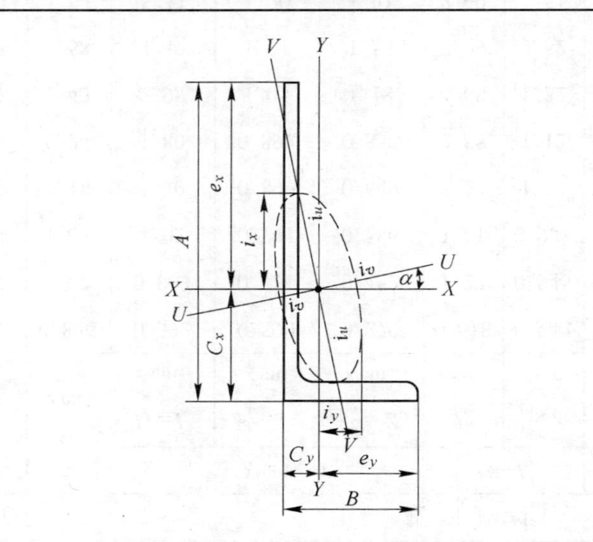

截面尺寸					截面面积 /cm²	重量 /kg·m⁻¹	截面特性													
							重心/cm		惯性矩/cm⁴				惯性半径/cm					截面模数/cm³	
$A \times B$ /mm×mm	t_1 /mm	t_2 /mm	r_1 /mm	r_2 /mm			C_x	C_y	I_x	I_y	I_u (最大)	I_v (最小)	i_x	i_y	i_u (最大)	i_v (最小)	$\tan\alpha$	Z_x	Z_y
200×90	9	14	14	7	29.66	23.3	6.36	2.15	1210	200	1290	125	6.39	2.60	6.58	2.05	0.263	88.7	29.2
250×90	10	15	17	8.5	37.47	29.4	8.61	1.92	2440	223	2520	147	8.08	2.44	8.20	1.98	0.182	149	31.5
250×90	12	16	17	8.5	42.95	33.7	8.99	1.89	2790	238	2870	160	8.07	2.35	8.18	1.93	0.173	174	33.5
300×90	11	16	19	9.5	46.22	36.3	11.0	1.76	4370	245	4440	168	9.72	2.30	9.80	1.90	0.136	229	33.8
300×90	13	17	19	9.5	52.67	41.3	11.3	1.75	4940	259	5020	181	9.68	2.22	9.76	1.85	0.128	265	35.8
350×100	12	17	22	11	57.74	45.3	13.0	1.87	7440	362	7550	251	11.3	2.50	11.4	2.08	0.124	338	44.5
400×100	13	18	24	12	68.59	53.8	15.4	1.77	11500	388	11600	277	12.9	2.38	13.0	2.01	0.0996	467	47.1

表 3-3-6　等边角钢

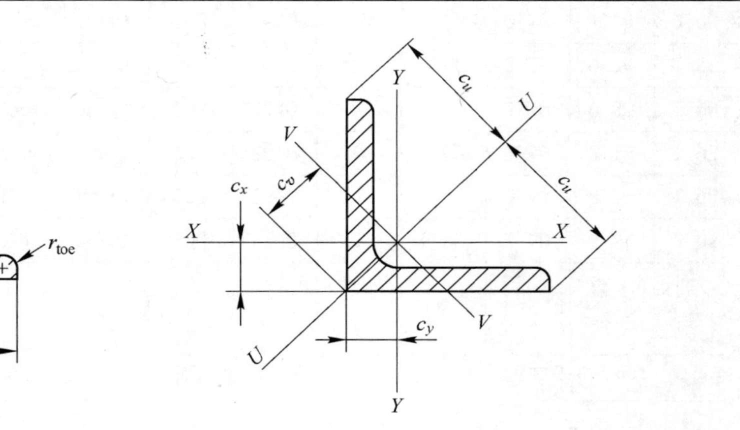

规格 /mm×mm×mm	重量 /kg·m⁻¹	截面面积 /cm²	尺寸			重心			截面特性							
									X—X = Y—Y			U—U		V—V		
			a /mm	t /mm	r_{root} /mm	$c_x = c_y$ /cm	c_u /cm	c_v /cm	$I_x = I_y$ /cm⁴	$r_x = r_y$ /cm	$Z_x = Z_y$ /cm³	I_u /cm⁴	r_u /cm	I_v /cm⁴	r_v /cm	Z_v /cm³
20×20×3	0.882	1.12	20	3	3.5	0.598	1.41	0.846	0.392	0.590	0.279	0.618	0.742	0.165	0.383	0.195
25×25×3	1.12	1.42	25	3	3.5	0.723	1.77	1.02	0.803	0.751	0.452	1.27	0.945	0.334	0.484	0.326
25×25×4	1.45	1.85	25	4	3.5	0.762	1.77	1.08	1.02	0.741	0.586	1.61	0.931	0.430	0.482	0.399
30×30×3	1.36	1.74	30	3	5	0.835	2.12	1.18	1.40	0.899	0.649	2.22	1.13	0.585	0.581	0.496
30×30×4	1.78	2.27	30	4	5	0.878	2.12	1.24	1.80	0.892	0.850	2.85	1.12	0.754	0.577	0.607
35×35×4	2.09	2.67	35	4	5	1.00	2.47	1.42	2.95	1.05	1.18	4.68	1.32	1.23	0.678	0.865
40×40×4	2.42	3.08	40	4	6	1.12	2.83	1.58	4.47	1.21	1.55	7.09	1.52	1.86	0.777	1.17
40×40×5	2.97	3.79	40	5	6	1.16	2.83	1.64	5.43	1.20	1.91	8.60	1.51	2.26	0.773	1.38

续表 3-3-6

规格 /mm×mm×mm	重量 /kg·m^{-1}	截面面积 /cm^2	尺寸			重心			截面特性							
									X—X = Y—Y			U—U		V—V		
			a /mm	t /mm	r_{root} /mm	$c_x=c_y$ /cm	c_u /cm	c_v /cm	$I_x=I_y$ /cm^4	$r_x=r_y$ /cm	$Z_x=Z_y$ /cm^3	I_u /cm^4	r_u /cm	I_v /cm^4	r_v /cm	Z_v /cm^3
45×45×4.5	3.06	3.90	45	4.5	7	1.25	3.18	1.78	7.14	1.35	2.20	11.4	1.71	2.94	0.870	1.65
50×50×4	3.06	3.89	50	4	7	1.36	3.54	1.92	8.97	1.52	2.46	14.2	1.91	3.73	0.979	1.94
50×50×5	3.77	4.80	50	5	7	1.40	3.54	1.99	11.0	1.51	3.05	17.4	1.90	4.55	0.973	2.29
50×50×6	4.47	5.69	50	6	7	1.45	3.54	2.04	12.8	1.50	3.61	20.3	1.89	5.34	0.968	2.61
60×60×5	4.57	5.82	60	5	8	1.64	4.24	2.32	19.4	1.82	4.45	30.7	2.30	8.03	1.17	3.46
60×60×6	5.42	6.91	60	6	8	1.69	4.24	2.39	22.8	1.82	5.29	36.1	2.29	9.44	1.17	3.96
60×60×8	7.09	9.03	60	8	8	1.77	4.24	2.50	29.2	1.80	6.89	46.1	2.26	12.2	1.16	4.86
65×65×7	6.83	8.7	65	7	9	1.85	4.60	2.62	33.4	1.96	7.18	53.0	2.47	13.8	1.26	5.27
70×70×6	6.38	8.13	70	6	9	1.93	4.95	2.73	36.9	2.13	7.27	58.5	2.68	15.3	1.37	5.60
70×70×7	7.38	9.40	70	7	9	1.97	4.95	2.79	42.3	2.12	8.41	67.1	2.67	17.5	1.36	6.28
75×75×6	6.85	8.73	75	6	9	2.05	5.30	2.90	45.8	2.29	8.41	72.7	2.89	18.9	1.47	6.53
75×75×8	8.99	11.4	75	8	9	2.14	5.30	3.02	59.1	2.27	11.0	93.8	2.86	24.5	1.46	8.09
80×80×8	9.63	12.3	80	8	10	2.26	5.66	3.19	72.2	2.43	12.6	115	3.06	29.9	1.56	9.37
80×80×10	11.9	15.1	80	10	10	2.34	5.66	3.30	87.5	2.41	15.4	139	3.03	36.4	1.55	11.0
90×90×7	9.61	12.2	90	7	11	2.45	6.36	3.47	92.6	2.75	14.1	147	3.46	38.3	1.77	11.0
90×90×8	10.9	13.9	90	8	11	2.50	6.36	3.53	104	2.74	16.1	166	3.45	43.1	1.76	12.2
90×90×9	12.2	15.5	90	9	11	2.54	6.36	3.59	116	2.73	17.9	184	3.44	47.9	1.76	13.3
90×90×10	13.4	17.1	90	10	11	2.58	6.36	3.65	127	2.72	19.8	201	3.42	52.6	1.75	14.4

续表3-3-6

规格 /mm×mm×mm	重量 /kg·m^{-1}	截面面积 /cm^2	尺寸			重心			截面特性							
									X—X = Y—Y			U—U		V—V		
			a /mm	t /mm	r_{root} /mm	$c_x=c_y$ /cm	c_u /cm	c_v /cm	$I_x=I_y$ /cm^4	$r_x=r_y$ /cm	$Z_x=Z_y$ /cm^3	I_u /cm^4	r_u /cm	I_v /cm^4	r_v /cm	Z_v /cm^3
100×100×8	12.2	15.5	100	8	12	2.74	7.07	3.87	145	3.06	19.9	230	3.85	59.9	1.96	15.5
100×100×10	15.0	19.2	100	10	12	2.82	7.07	3.99	177	3.04	24.6	280	3.83	73.0	1.95	18.3
100×100×12	17.8	22.7	100	12	12	2.90	7.07	4.11	207	3.02	29.1	328	3.80	85.7	1.94	20.9
120×120×10	18.2	23.2	120	10	13	3.31	8.49	4.69	313	3.67	36.0	497	4.63	129	2.36	27.5
120×120×12	21.6	27.5	120	12	13	3.40	8.49	4.80	368	3.65	42.7	584	4.60	152	2.35	31.6
130×130×12	23.6	30.0	130	12	14	3.64	9.19	5.15	472	3.97	50.4	750	5.00	194	2.54	37.7
150×150×10	23.0	29.3	150	10	16	4.03	10.6	5.71	624	4.62	56.9	990	5.82	258	2.97	45.1
150×150×12	27.3	34.8	150	12	16	4.12	10.6	5.83	737	4.60	67.7	1170	5.80	303	2.95	52.0
150×150×15	33.8	43.0	150	15	16	4.25	10.6	6.01	898	4.57	83.5	1430	5.76	370	2.93	61.6
160×160×15	36.2	46.1	160	15	17	4.49	11.3	6.35	1100	4.88	95.6	1750	6.15	453	3.14	71.3
180×180×16	43.5	55.4	180	16	18	5.02	12.7	7.11	1680	5.51	130	2690	6.96	679	3.50	95.5
180×180×18	48.6	61.9	180	18	18	5.10	12.7	7.22	1870	5.49	145	2960	6.92	768	3.52	106
200×200×16	48.5	61.8	200	16	18	5.52	14.1	7.81	2340	6.16	162	3720	7.76	960	3.94	123
200×200×18	54.3	69.1	200	18	18	5.60	14.1	7.92	2600	6.13	181	4150	7.75	1050	3.90	133
200×200×20	59.9	76.3	200	20	18	5.68	14.1	8.04	2850	6.11	199	4530	7.70	1170	3.92	146
200×200×24	71.1	90.6	200	24	18	5.84	14.1	8.26	3330	6.06	235	5280	7.64	1380	3.90	167
250×250×28	104	133	250	28	18	7.24	17.7	10.2	7700	7.62	433	12200	9.61	3170	4.89	309
250×250×35	128	163	250	35	18	7.50	17.7	10.6	9260	7.54	529	14700	9.48	3860	4.87	364

表 3-3-7 不等边角钢

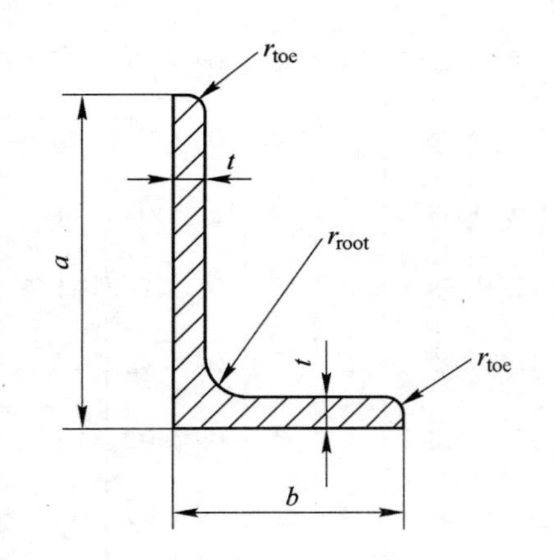

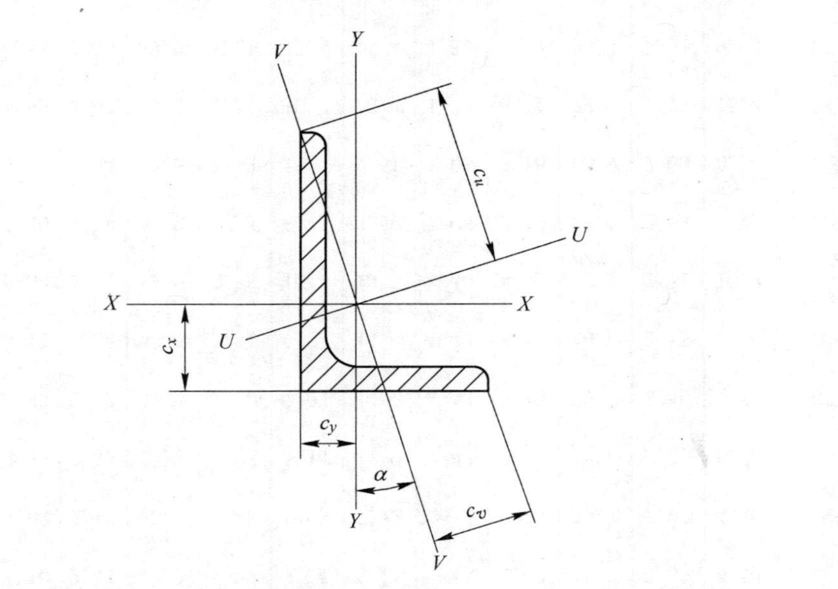

规格 /mm×mm×mm	重量 /kg·m^{-1}	截面面积 /cm^2	尺寸				重心				截面特性										tanα
											X—X			Y—Y			U—U		V—V		
			a /mm	b /mm	t /mm	r_{root} /mm	c_x /cm	c_y /cm	c_u /cm	c_v /cm	I_x /cm^4	r_x /cm	Z_x /cm^3	I_y /cm^4	r_y /cm	Z_y /cm^3	I_u /cm^4	r_u /cm	I_v /cm^4	r_v /cm	
30×20×3	1.12	1.43	30	20	3	4	0.990	0.502	2.05	1.04	1.25	0.935	0.621	0.437	0.553	0.292	1.43	1.00	0.256	0.424	0.427
30×20×4	1.46	1.86	30	20	4	4	1.03	0.541	2.02	1.04	1.59	0.925	0.807	0.553	0.546	0.379	1.81	0.988	0.330	0.421	0.421
40×20×4	1.77	2.26	40	20	4	4	1.47	0.48	2.58	1.17	3.59	1.26	1.42	0.600	0.514	0.393	3.80	1.30	0.393	0.417	0.252
40×25×4	1.93	2.46	40	25	4	4	1.36	0.623	2.69	1.35	3.89	1.26	1.47	1.16	0.687	0.619	4.35	1.33	0.700	0.534	0.380

续表 3-3-7

规格 /mm×mm×mm	重量 /kg·m^{-1}	截面面积 /cm^2	尺寸				重心				截面特性										
											X—X			Y—Y			U—U		V—V		tanα
			a /mm	b /mm	t /mm	r_{root} /mm	c_x /cm	c_y /cm	c_u /cm	c_v /cm	I_x /cm^4	r_x /cm	Z_x /cm^3	I_y /cm^4	r_y /cm	Z_y /cm^3	I_u /cm^4	r_u /cm	I_v /cm^4	r_v /cm	
45×30×4	2.25	2.87	45	30	4	4.5	1.48	0.74	3.07	1.58	5.78	1.42	1.91	2.05	0.85	0.91	6.65	1.52	1.18	0.64	0.436
50×30×5	2.96	3.78	50	30	5	5	1.73	0.741	3.33	1.65	9.36	1.57	2.86	2.51	0.816	1.11	10.3	1.65	1.54	0.639	0.352
60×30×5	3.36	4.28	60	30	5	5	2.17	0.684	3.88	1.77	15.6	1.91	4.07	2.63	0.784	1.14	16.5	1.97	1.71	0.633	0.257
60×40×5	3.76	4.79	60	40	5	6	1.96	0.972	4.10	2.11	17.2	1.89	4.25	6.11	1.13	2.02	19.7	2.03	3.54	0.86	0.434
60×40×6	4.46	5.68	60	40	6	6	2.00	1.01	4.08	2.10	20.1	1.88	5.03	7.12	1.12	2.38	23.1	2.02	4.16	0.855	0.431
65×50×5	4.35	5.54	65	50	5	6	1.99	1.25	4.53	2.39	23.2	2.05	5.14	11.9	1.47	3.19	28.8	2.28	6.32	1.07	0.577
70×50×6	5.41	6.89	70	50	6	7	2.23	1.25	4.83	2.52	33.4	2.20	7.01	14.2	1.43	3.78	39.7	2.40	7.92	1.07	0.500
75×50×6	5.65	7.19	75	50	6	7	2.44	1.21	5.12	2.64	40.5	2.37	8.01	14.4	1.42	3.81	46.6	2.55	8.36	1.08	0.435
75×50×8	7.39	9.41	75	50	8	7	2.52	1.29	5.08	2.62	52.0	2.35	10.4	18.4	1.40	4.95	59.6	2.52	10.8	1.07	0.430
80×40×6	5.41	6.89	80	40	6	7	2.85	0.884	5.20	2.38	44.9	2.55	8.73	7.59	1.05	2.44	47.6	2.63	4.93	0.845	0.258
80×40×8	7.07	9.01	80	40	8	7	2.94	0.963	5.14	2.34	57.6	2.53	11.4	9.61	1.03	3.16	60.9	2.60	6.34	0.838	0.253
80×60×7	7.36	9.38	80	60	7	8	2.51	1.52	5.55	2.92	59.0	2.51	10.7	28.4	1.74	6.34	72.0	2.77	15.4	1.28	0.546
100×50×6	6.84	8.71	100	50	6	8	3.51	1.05	6.55	3.00	89.9	3.21	13.8	15.4	1.33	3.89	95.4	3.31	9.92	1.07	0.262
100×50×8	8.97	11.4	100	50	8	8	3.60	1.13	6.48	2.96	116	3.19	18.2	19.7	1.31	5.08	123	3.28	12.8	1.06	0.258

续表3-3-7

规格 /mm×mm×mm	重量 /kg·m^{-1}	截面面积 /cm^2	尺寸				重心				截面特性										tanα
											X—X			Y—Y			U—U		V—V		
			a /mm	b /mm	t /mm	r_{root} /mm	c_x /cm	c_y /cm	c_u /cm	c_v /cm	I_x /cm^4	r_x /cm	Z_x /cm^3	I_y /cm^4	r_y /cm	Z_y /cm^3	I_u /cm^4	r_u /cm	I_v /cm^4	r_v /cm	
100×65×7	8.77	11.2	100	65	7	10	3.23	1.51	6.83	3.49	113	3.17	16.6	37.6	1.83	7.53	128	3.39	22.0	1.40	0.415
100×65×8	9.94	12.7	100	65	8	10	3.27	1.55	6.81	3.47	127	3.16	18.9	42.2	1.83	8.54	144	3.37	24.8	1.40	0.413
100×65×10	12.3	15.6	100	65	10	10	3.36	1.63	6.76	3.45	154	3.14	23.2	51.0	1.81	10.5	175	3.35	30.1	1.39	0.410
100×75×8	10.6	13.5	100	75	8	10	3.10	1.87	6.95	3.65	133	3.14	19.3	64.1	2.18	11.4	162	3.47	34.6	1.60	0.547
100×75×10	13.0	16.6	100	75	10	10	3.19	1.95	6.92	3.65	162	3.12	23.8	77.6	2.16	14.0	197	3.45	42.2	1.59	0.544
100×75×12	15.4	19.7	100	75	12	10	3.27	2.03	6.89	3.65	189	3.10	28.0	90.2	2.14	16.5	230	3.42	49.5	1.59	0.540
120×80×8	12.2	15.5	120	80	8	11	3.83	1.87	8.23	4.23	226	3.82	27.6	80.8	2.28	13.2	260	4.10	46.6	1.74	0.437
120×80×10	15.0	19.1	120	80	10	11	3.92	1.95	8.19	4.21	276	3.80	34.1	98.1	2.26	16.2	317	4.07	56.8	1.72	0.435
120×80×12	17.8	22.7	120	80	12	11	4.00	2.03	8.15	4.20	323	3.77	40.4	114	2.24	19.1	371	4.04	66.7	1.71	0.431
125×75×8	12.2	15.5	125	75	8	11	4.14	1.68	8.44	4.20	247	4.00	29.6	67.6	2.09	11.6	274	4.21	40.9	1.63	0.360
125×75×10	15.0	19.1	125	75	10	11	4.23	1.76	8.39	4.17	302	3.97	36.5	82.1	2.07	14.3	334	4.18	49.9	1.61	0.357
125×75×12	17.8	22.7	125	75	12	11	4.31	1.84	8.33	4.15	354	3.95	43.2	95.5	2.05	16.9	391	4.15	58.5	1.61	0.354
135×65×8	12.2	15.5	135	65	8	11	4.78	1.34	8.79	3.95	291	4.34	33.4	45.2	1.71	8.75	307	4.45	29.4	1.38	0.245
135×65×10	15.0	19.1	135	65	10	11	4.88	1.42	8.72	3.91	356	4.31	41.3	54.7	1.69	10.8	375	4.43	35.9	1.37	0.243

续表 3-3-7

规格 /mm×mm×mm	重量 /kg·m^{-1}	截面面积 /cm^2	尺寸				重心				截面特性										tanα
											X—X			Y—Y			U—U		V—V		
			a /mm	b /mm	t /mm	r_{root} /mm	c_x /cm	c_y /cm	c_u /cm	c_v /cm	I_x /cm^4	r_x /cm	Z_x /cm^3	I_y /cm^4	r_y /cm	Z_y /cm^3	I_u /cm^4	r_u /cm	I_v /cm^4	r_v /cm	
150×75×9	15.4	19.6	150	75	9	12	5.26	1.57	9.82	4.50	455	4.82	46.7	77.9	1.99	13.1	483	4.96	50.2	1.60	0.261
150×75×10	17.0	21.7	150	75	10	12	5.31	1.61	9.79	4.48	501	4.81	51.6	85.6	1.99	14.5	531	4.95	55.1	1.60	0.261
150×75×12	20.2	25.7	150	75	12	12	5.40	1.69	9.72	4.44	588	4.78	61.3	99.6	1.97	17.1	623	4.92	64.7	1.59	0.258
150×75×15	24.8	31.7	150	75	15	12	5.52	1.81	9.63	4.40	713	4.75	75.2	119	1.94	21.0	753	4.88	78.6	1.58	0.253
150×90×10	18.2	23.2	150	90	10	12	5.00	2.04	10.1	5.03	533	4.80	53.3	146	2.51	21.0	591	5.05	88.3	1.95	0.360
150×90×12	21.6	27.5	150	90	12	12	5.08	2.12	10.1	5.00	627	4.77	63.3	171	2.49	24.8	694	5.02	104	1.94	0.358
150×90×15	26.6	33.9	150	90	15	12	5.21	2.23	9.98	4.98	761	4.74	77.7	205	2.46	30.4	841	4.98	126	1.93	0.354
150×100×10	19.0	24.2	150	100	10	12	4.81	2.34	10.3	5.29	553	4.79	54.2	199	2.87	25.9	637	5.13	114	2.17	0.438
150×100×12	22.5	28.7	150	100	12	12	4.89	2.42	10.2	5.28	651	4.76	64.4	233	2.85	30.7	749	5.11	134	2.16	0.436
200×100×10	23.0	29.2	200	100	10	15	6.93	2.01	13.2	6.05	1220	6.46	93.2	210	2.68	26.3	1290	6.65	135	2.15	0.263
200×100×12	27.3	34.8	200	100	12	15	7.03	2.10	13.1	6.00	1440	6.43	111	247	2.67	31.3	1530	6.63	159	2.14	0.262
200×100×15	33.75	43.0	200	100	15	15	7.16	2.22	13.0	5.84	1758	6.4	137	299	2.64	38.5	1864	6.59	193	2.12	0.260
200×150×12	32.0	40.8	200	150	12	15	6.08	3.61	13.9	7.34	1650	6.36	119	803	4.44	70.5	2030	7.04	430	3.25	0.552
200×150×15	39.6	50.5	200	150	15	15	6.21	3.73	13.9	7.33	2022	6.33	147	979	4.40	86.9	2476	7.00	526	3.23	0.551

表 3-3-8 等边角钢截面尺寸、截面面积、理论重量及截面特性

型号	截面尺寸/mm			截面面积/cm²	理论重量/kg·m⁻¹	外表面积/m²·m⁻¹	惯性矩/cm⁴				惯性半径/cm			截面模数/cm³			重心距离/cm
	b	d	r				I_x	I_{x1}	I_{x0}	I_{y0}	i_x	i_{x0}	i_{y0}	W_x	W_{x0}	W_{y0}	Z_0
2	20	3	3.5	1.132	0.889	0.078	0.40	0.81	0.63	0.17	0.59	0.75	0.39	0.29	0.45	0.20	0.60
		4		1.459	1.145	0.077	0.50	1.09	0.78	0.22	0.58	0.73	0.38	0.36	0.55	0.24	0.64
2.5	25	3		1.432	1.124	0.098	0.82	1.57	1.29	0.34	0.76	0.95	0.49	0.46	0.73	0.33	0.73
		4		1.859	1.459	0.097	1.03	2.11	1.62	0.43	0.74	0.93	0.48	0.59	0.92	0.40	0.76
3.0	30	3	4.5	1.749	1.373	0.117	1.46	2.71	2.31	0.61	0.91	1.15	0.59	0.68	1.09	0.51	0.85
		4		2.276	1.786	0.117	1.84	3.63	2.92	0.77	0.90	1.13	0.58	0.87	1.37	0.62	0.89
3.6	36	3		2.109	1.656	0.141	2.58	4.68	4.09	1.07	1.11	1.39	0.71	0.99	1.61	0.76	1.00
		4		2.756	2.163	0.141	3.29	6.25	5.22	1.37	1.09	1.38	0.70	1.28	2.05	0.93	1.04
		5		3.382	2.654	0.141	3.95	7.84	6.24	1.65	1.08	1.36	0.70	1.56	2.45	1.00	1.07
4	40	3	5	2.359	1.852	0.157	3.59	6.41	5.69	1.49	1.23	1.55	0.79	1.23	2.01	0.96	1.09
		4		3.086	2.422	0.157	4.60	8.56	7.29	1.91	1.22	1.54	0.79	1.60	2.58	1.19	1.13
		5		3.791	2.976	0.156	5.53	10.74	8.76	2.30	1.21	1.52	0.78	1.96	3.10	1.39	1.17
4.5	45	3		2.659	2.088	0.177	5.17	9.12	8.20	2.14	1.40	1.76	0.89	1.58	2.58	1.24	1.22
		4		3.486	2.736	0.177	6.65	12.18	10.56	2.75	1.38	1.74	0.89	2.05	3.32	1.54	1.26
		5		4.292	3.369	0.176	8.04	15.2	12.74	3.33	1.37	1.72	0.88	2.51	4.00	1.81	1.30
		6		5.076	3.985	0.176	9.33	18.36	14.76	3.89	1.36	1.70	0.8	2.95	4.64	2.06	1.33

续表3-3-8

型号	截面尺寸/mm			截面面积/cm^2	理论重量/$kg \cdot m^{-1}$	外表面积/$m^2 \cdot m^{-1}$	惯性矩/cm^4				惯性半径/cm			截面模数/cm^3			重心距离/cm
	b	d	r				I_x	I_{x1}	I_{x0}	I_{y0}	i_x	i_{x0}	i_{y0}	W_x	W_{x0}	W_{y0}	Z_0
5	50	3	5.5	2.971	2.332	0.197	7.18	12.5	11.37	2.98	1.55	1.96	1.00	1.96	3.22	1.57	1.34
		4		3.897	3.059	0.197	9.26	16.69	14.70	3.82	1.54	1.94	0.99	2.56	4.16	1.96	1.38
		5		4.803	3.770	0.196	11.21	20.90	17.79	4.64	1.53	1.92	0.98	3.13	5.03	2.31	1.42
		6		5.688	4.465	0.196	13.05	25.14	20.68	5.42	1.52	1.91	0.98	3.68	5.85	2.63	1.46
5.6	56	3	6	3.343	2.624	0.221	10.19	17.56	16.14	4.24	1.75	2.20	1.13	2.48	4.08	2.02	1.48
		4		4.390	3.446	0.220	13.18	23.43	20.92	5.46	1.73	2.18	1.11	3.24	5.28	2.52	1.53
		5		5.415	4.251	0.220	16.02	29.33	25.42	6.61	1.72	2.17	1.10	3.97	6.42	2.98	1.57
		6		6.420	5.040	0.220	18.69	35.26	29.66	7.73	1.71	2.15	1.10	4.68	7.49	3.40	1.61
		7		7.404	5.812	0.219	21.23	41.23	33.63	8.82	1.69	2.13	1.09	5.36	8.49	3.80	1.64
		8		8.367	6.568	0.219	23.63	47.24	37.37	9.89	1.68	2.11	1.09	6.03	9.44	4.16	1.68
6	60	5	6.5	5.829	4.576	0.236	19.89	36.05	31.57	8.21	1.85	2.33	1.19	4.59	7.44	3.48	1.67
		6		6.914	5.427	0.235	23.25	43.33	36.89	9.60	1.83	2.31	1.18	5.41	8.70	3.98	1.70
		7		7.977	6.262	0.235	26.44	50.65	41.92	10.96	1.82	2.29	1.17	6.21	9.88	4.45	1.74
		8		9.020	7.081	0.235	29.47	58.02	46.66	12.28	1.81	2.27	1.17	6.98	11.00	4.88	1.78
6.3	63	4	7	4.978	3.907	0.248	19.03	33.35	30.17	7.89	1.96	2.46	1.26	4.13	6.78	3.29	1.70
		5		6.143	4.822	0.248	23.17	41.73	36.77	9.57	1.94	2.45	1.25	5.08	8.25	3.90	1.74
		6		7.288	5.721	0.247	27.12	50.14	43.03	11.20	1.93	2.43	1.24	6.00	9.66	4.46	1.78
		7		8.412	6.603	0.247	30.87	58.60	48.96	12.79	1.92	2.41	1.23	6.88	10.99	4.98	1.82
		8		9.515	7.469	0.247	34.46	67.11	54.56	14.33	1.90	2.40	1.23	7.75	12.25	5.47	1.85
		10		11.657	9.151	0.246	41.09	84.31	64.85	17.33	1.88	2.36	1.22	9.39	14.56	6.36	1.93

续表 3-3-8

型号	截面尺寸/mm			截面面积/cm²	理论重量/kg·m⁻¹	外表面积/m²·m⁻¹	惯性矩/cm⁴				惯性半径/cm			截面模数/cm³			重心距离/cm
	b	d	r				I_x	I_{x1}	I_{x0}	I_{y0}	i_x	i_{x0}	i_{y0}	W_x	W_{x0}	W_{y0}	Z_0
7	70	4	8	5.570	4.372	0.275	26.39	45.74	41.80	10.99	2.18	2.74	1.40	5.14	8.44	4.17	1.86
		5		6.875	5.397	0.275	32.21	57.21	51.08	13.31	2.16	2.73	1.39	6.32	10.32	4.95	1.91
		6		8.160	6.406	0.275	37.77	68.73	59.93	15.61	2.15	2.71	1.38	7.48	12.11	5.67	1.95
		7		9.424	7.398	0.275	43.09	80.29	68.35	17.82	2.14	2.69	1.38	8.59	13.81	6.34	1.99
		8		10.667	8.373	0.274	48.17	91.92	76.37	19.98	2.12	2.68	1.37	9.68	15.43	6.98	2.03
7.5	75	5	9	7.412	5.818	0.295	39.97	70.56	63.30	16.63	2.33	2.92	1.50	7.32	11.94	5.77	2.04
		6		8.797	6.905	0.294	46.95	84.55	74.38	19.51	2.31	2.90	1.49	8.64	14.02	6.67	2.07
		7		10.160	7.976	0.294	53.57	98.71	84.96	22.18	2.30	2.89	1.48	9.93	16.02	7.44	2.11
		8		11.503	9.030	0.294	59.96	112.97	95.07	24.86	2.28	2.88	1.47	11.20	17.93	8.19	2.15
		9		12.825	10.068	0.294	66.10	127.30	104.71	27.48	2.27	2.86	1.46	12.43	19.75	8.89	2.18
		10		14.126	11.089	0.293	71.98	141.71	113.92	30.05	2.26	2.84	1.46	13.64	21.48	9.56	2.22
8	80	5		7.912	6.211	0.315	48.79	85.36	77.33	20.25	2.48	3.13	1.60	8.34	13.67	6.66	2.15
		6		9.397	7.376	0.314	57.35	102.50	90.98	23.72	2.47	3.11	1.59	9.87	16.08	7.65	2.19
		7		10.860	8.525	0.314	65.58	119.70	104.07	27.09	2.46	3.10	1.58	11.37	18.40	8.58	2.23
		8		12.303	9.658	0.314	73.49	136.97	116.60	30.39	2.44	3.08	1.57	12.83	20.61	9.46	2.27
		9		13.725	10.774	0.314	81.11	154.31	128.60	33.61	2.43	3.06	1.56	14.25	22.73	10.29	2.31
		10		15.126	11.874	0.313	88.43	171.74	140.09	36.77	2.42	3.04	1.56	15.64	24.76	11.08	2.35

续表 3-3-8

型号	截面尺寸/mm			截面面积/cm²	理论重量/kg·m⁻¹	外表面积/m²·m⁻¹	惯性矩/cm⁴				惯性半径/cm			截面模数/cm³			重心距离/cm
	b	d	r				I_x	I_{x1}	I_{x0}	I_{y0}	i_x	i_{x0}	i_{y0}	W_x	W_{x0}	W_{y0}	Z_0
9	90	6	10	10.637	8.350	0.354	82.77	145.87	131.26	34.28	2.79	3.51	1.80	12.61	20.63	9.95	2.44
		7		12.301	9.656	0.354	94.83	170.30	150.47	39.18	2.78	3.50	1.78	14.54	23.64	11.19	2.48
		8		13.944	10.946	0.353	106.47	194.80	168.97	43.97	2.76	3.48	1.78	16.42	26.55	12.35	2.52
		9		15.566	12.219	0.353	117.72	219.39	186.77	48.66	2.75	3.46	1.77	18.27	29.35	13.46	2.56
		10		17.167	13.476	0.353	128.58	244.07	203.90	53.26	2.74	3.45	1.76	20.07	32.04	14.52	2.59
		12		20.306	15.940	0.352	149.22	293.76	236.21	62.22	2.71	3.41	1.75	23.57	37.12	16.49	2.67
10	100	6	12	11.932	9.366	0.393	114.95	200.07	181.98	47.92	3.10	3.90	2.00	15.68	25.74	12.69	2.67
		7		13.796	10.830	0.393	131.86	233.54	208.97	54.74	3.09	3.89	1.99	18.10	29.55	14.26	2.71
		8		15.638	12.276	0.393	148.24	267.09	235.07	61.41	3.08	3.88	1.98	20.47	33.24	15.75	2.76
		9		17.462	13.708	0.392	164.12	300.73	260.30	67.95	3.07	3.86	1.97	22.79	36.81	17.18	2.80
		10		19.261	15.120	0.392	179.51	334.48	284.68	74.35	3.05	3.84	1.96	25.06	40.26	18.54	2.84
		12		22.800	17.898	0.391	208.90	402.34	330.95	86.84	3.03	3.81	1.95	29.48	46.80	21.08	2.91
		14		26.256	20.611	0.391	236.53	470.75	374.06	99.00	3.00	3.77	1.94	33.73	52.90	23.44	2.99
		16		29.627	23.257	0.390	262.53	539.80	414.16	110.89	2.98	3.74	1.94	37.82	58.57	25.63	3.06
11	110	7		15.196	11.928	0.433	177.16	310.64	280.94	73.38	3.41	4.30	2.20	22.05	36.12	17.51	2.96
		8		17.238	13.535	0.433	199.46	355.20	316.49	82.42	3.40	4.28	2.19	24.95	40.69	19.39	3.01
		10		21.261	16.690	0.432	242.19	444.65	384.39	99.98	3.38	4.25	2.17	30.60	49.42	22.91	3.09
		12		25.200	19.782	0.431	282.55	534.60	448.17	116.93	3.35	4.22	2.15	36.05	57.62	26.15	3.16
		14		29.056	22.809	0.431	320.71	625.16	508.01	133.40	3.32	4.18	2.14	41.31	65.31	29.14	3.24

续表 3-3-8

型号	截面尺寸/mm			截面面积/cm^2	理论重量/kg·m^{-1}	外表面积/m^2·m^{-1}	惯性矩/cm^4				惯性半径/cm			截面模数/cm^3			重心距离/cm
	b	d	r				I_x	I_{x1}	I_{x0}	I_{y0}	i_x	i_{x0}	i_{y0}	W_x	W_{x0}	W_{y0}	Z_0
12.5	125	8	14	19.750	15.504	0.492	297.03	521.01	470.89	123.16	3.88	4.88	2.50	32.52	53.28	25.86	3.37
		10		24.373	19.133	0.491	361.67	651.93	573.89	149.46	3.85	4.85	2.48	39.97	64.93	30.62	3.45
		12		28.912	22.696	0.491	423.16	783.42	671.44	174.88	3.83	4.82	2.46	41.17	75.96	35.03	3.53
		14		33.367	26.193	0.490	481.65	915.61	763.73	199.57	3.80	4.78	2.45	54.16	86.41	39.13	3.61
		16		37.739	29.625	0.489	537.31	1048.62	850.98	223.65	3.77	4.75	2.43	60.93	96.28	42.96	3.68
14	140	10		27.373	21.488	0.551	514.65	915.11	817.27	212.04	4.34	5.46	2.78	50.58	82.56	39.20	3.82
		12		32.512	25.522	0.551	603.68	1099.28	958.79	248.57	4.31	5.43	2.76	59.80	96.85	45.02	3.90
		14		37.567	29.490	0.550	688.81	1284.22	1093.56	284.06	4.28	5.40	2.75	68.75	110.47	50.45	3.98
		16		42.539	33.393	0.549	770.24	1470.07	1221.81	318.67	4.26	5.36	2.74	77.46	123.42	55.55	4.06
15	150	8		23.750	18.644	0.592	521.37	899.55	827.49	215.25	4.69	5.90	3.01	47.36	78.02	38.14	3.99
		10		29.373	23.058	0.591	637.50	1125.09	1012.79	262.21	4.66	5.87	2.99	58.35	95.49	45.51	4.08
		12		34.912	27.406	0.591	748.85	1351.26	1189.97	307.73	4.63	5.84	2.97	69.04	112.19	52.38	4.15
		14		40.367	31.688	0.590	855.64	1578.25	1359.30	351.98	4.60	5.80	2.95	79.45	128.16	58.83	4.23
		15		43.063	33.804	0.590	907.39	1692.10	1441.09	373.69	4.59	5.78	2.95	84.56	135.87	61.90	4.27
		16		45.739	35.905	0.589	958.08	1806.21	1521.02	395.14	4.58	5.77	2.94	89.59	143.40	64.89	4.31

续表 3-3-8

型号	截面尺寸/mm			截面面积/cm²	理论重量/kg·m⁻¹	外表面积/m²·m⁻¹	惯性矩/cm⁴				惯性半径/cm			截面模数/cm³			重心距离/cm
	b	d	r				I_x	I_{x1}	I_{x0}	I_{y0}	i_x	i_{x0}	i_{y0}	W_x	W_{x0}	W_{y0}	Z_0
16	160	10	16	31. 502	24. 729	0. 630	779. 53	1365. 33	1237. 30	321. 76	4. 98	6. 27	3. 20	66. 70	109. 36	52. 76	4. 31
		12		37. 441	29. 391	0. 630	916. 58	1639. 57	1455. 68	377. 49	4. 95	6. 24	3. 18	78. 98	128. 67	60. 74	4. 39
		14		43. 296	33. 987	0. 629	1048. 36	1914. 68	1665. 02	431. 70	4. 92	6. 20	3. 16	90. 95	147. 17	68. 24	4. 47
		16		49. 067	38. 518	0. 629	1175. 08	2190. 82	1865. 57	484. 59	4. 89	6. 17	3. 14	102. 63	164. 89	75. 31	4. 55
18	180	12		42. 241	33. 159	0. 710	1321. 35	2332. 80	2100. 10	542. 61	5. 59	7. 05	3. 58	100. 82	165. 00	78. 41	4. 89
		14		48. 896	38. 383	0. 709	1514. 48	2723. 48	2407. 42	621. 53	5. 56	7. 02	3. 56	116. 25	189. 14	88. 38	4. 97
		16		55. 467	43. 542	0. 709	1700. 99	3115. 29	2703. 37	698. 60	5. 54	6. 98	3. 55	131. 13	212. 40	97. 83	5. 05
		18		61. 055	48. 634	0. 708	1875. 12	3502. 43	2988. 24	762. 01	5. 50	6. 94	3. 51	145. 64	234. 78	105. 14	5. 13
20	200	14	18	54. 642	42. 894	0. 788	2103. 55	3734. 10	3343. 26	863. 83	6. 20	7. 82	3. 98	144. 70	236. 40	111. 82	5. 46
		16		62. 013	48. 680	0. 788	2366. 15	4270. 39	3760. 89	971. 41	6. 18	7. 79	3. 96	163. 65	265. 93	123. 96	5. 54
		18		69. 301	54. 401	0. 787	2620. 64	4808. 13	4164. 54	1076. 74	6. 15	7. 75	3. 94	182. 22	294. 48	135. 52	5. 62
		20		76. 505	60. 056	0. 787	2867. 30	5347. 51	4554. 55	1180. 04	6. 12	7. 72	3. 93	200. 42	322. 06	146. 55	5. 69
		24		90. 661	71. 168	0. 785	3338. 25	6457. 16	5294. 97	1381. 53	6. 07	7. 64	3. 90	236. 17	374. 41	166. 65	5. 87
22	220	16	21	68. 664	53. 901	0. 866	3187. 36	5681. 62	5063. 73	1310. 99	6. 81	8. 59	4. 37	199. 55	325. 51	153. 81	6. 03
		18		76. 752	60. 250	0. 866	3534. 30	6395. 93	5615. 32	1453. 27	6. 79	8. 55	4. 35	222. 37	360. 97	168. 29	6. 11

续表 3-3-8

型号	截面尺寸/mm			截面面积/cm²	理论重量/kg·m⁻¹	外表面积/m²·m⁻¹	惯性矩/cm⁴				惯性半径/cm			截面模数/cm³			重心距离/cm
	b	d	r				I_x	I_{x1}	I_{x0}	I_{y0}	i_x	i_{x0}	i_{y0}	W_x	W_{x0}	W_{y0}	Z_0
22	220	20	21	84.756	66.533	0.865	3871.49	7112.04	6150.08	1592.90	6.76	8.52	4.34	244.77	395.34	182.16	6.18
		22		92.676	72.751	0.865	4199.23	7830.19	6668.37	1730.10	6.73	8.48	4.32	266.78	428.66	195.45	6.26
		24		100.512	78.902	0.864	4517.83	8550.57	7170.55	1865.11	6.70	8.45	4.31	288.39	460.94	208.21	6.33
		26		108.264	84.987	0.864	4827.58	9273.39	7656.98	1998.17	6.68	8.41	4.30	309.62	492.21	220.49	6.41
25	250	18	24	87.842	68.956	0.985	5268.22	9379.11	8369.04	2167.41	7.74	9.76	4.97	290.12	473.42	224.03	6.84
		20		97.045	76.180	0.984	5779.34	10426.97	9181.94	2376.74	7.72	9.73	4.95	319.66	519.41	242.85	6.92
		24		115.201	90.433	0.983	6763.93	12529.74	10742.67	2785.19	7.66	9.66	4.92	377.34	607.70	278.38	7.07
		26		124.154	97.461	0.982	7238.08	13585.18	11491.33	2984.84	7.63	9.62	4.90	405.50	650.05	295.19	7.15
		28		133.022	104.422	0.982	7700.60	14643.62	12219.39	3181.81	7.61	9.58	4.89	433.22	691.23	311.42	7.22
		30		141.807	111.318	0.981	8151.80	15705.30	12927.26	3376.34	7.58	9.55	4.88	460.51	731.28	327.12	7.30
		32		150.508	118.149	0.981	8592.01	16770.41	13615.32	3568.71	7.56	9.51	4.87	487.39	770.20	342.33	7.37
		35		163.402	128.271	0.980	9232.44	18374.95	14611.16	3853.72	7.52	9.46	4.86	526.97	826.53	364.30	7.48

注：截面图中 $r_1 = 1/3d$；表中 r 的数据用于孔型设计，不做交货条件。

表 3-3-9　不等边角钢截面尺寸、截面面积、理论重量及截面特性

型号	截面尺寸/mm				截面面积 /cm²	理论重量 /kg·m⁻¹	外表面积 /m²·m⁻¹	惯性矩/cm⁴					惯性半径/cm			截面模数/cm³			tanα	重心距离 /cm	
	B	b	d	r				I_x	I_{x1}	I_y	I_{y1}	I_u	i_x	i_y	i_u	W_x	W_y	W_u		X_0	Y_0
2.5/1.6	25	16	3	3.5	1.162	0.912	0.080	0.70	1.56	0.22	0.43	0.14	0.78	0.44	0.34	0.43	0.19	0.16	0.392	0.42	0.86
			4		1.499	1.176	0.079	0.88	2.09	0.27	0.59	0.17	0.77	0.43	0.34	0.55	0.24	0.20	0.381	0.46	1.86
3.2/2	32	20	3		1.492	1.171	0.102	1.53	3.27	0.46	0.82	0.28	1.01	0.55	0.43	0.72	0.30	0.25	0.382	0.49	0.90
			4		1.939	1.522	0.101	1.93	4.37	0.57	1.12	0.35	1.00	0.54	0.42	0.93	0.39	0.32	0.374	0.53	1.08
4/2.5	40	25	3	4	1.890	1.484	0.127	3.08	5.39	0.93	1.59	0.56	1.28	0.70	0.54	1.15	0.49	0.40	0.385	0.59	1.12
			4		2.467	1.936	0.127	3.93	8.53	1.18	2.14	0.71	1.36	0.69	0.54	1.49	0.63	0.52	0.381	0.63	1.32
4.5/2.8	45	28	3	5	2.149	1.687	0.143	445	9.10	1.34	2.23	0.80	1.44	0.79	0.61	1.47	0.62	0.51	0.383	0.64	1.37
			4		2.806	2.203	0.143	5.69	12.13	1.70	3.00	1.02	1.42	0.78	0.60	1.91	0.80	0.66	0.380	0.68	1.47
5/3.2	50	32	3	5.5	2.431	1.908	0.161	6.24	12.49	2.02	3.31	1.20	1.60	0.91	0.70	1.84	0.82	0.68	0.404	0.73	1.51
			4		3.177	2.494	0.160	8.02	16.65	2.58	4.45	1.53	1.59	0.90	0.69	2.39	1.06	0.87	0.402	0.77	1.60
5.6/3.6	56	36	3	6	2.743	2.153	0.181	8.88	17.54	2.92	4.70	1.73	1.80	1.03	0.79	2.32	1.05	0.87	0.408	0.80	1.65
			4		3.590	2.818	0.180	11.45	23.39	3.76	6.33	2.23	1.79	1.02	0.79	3.03	1.37	1.13	0.408	0.85	1.78
			5		4.415	3.466	0.180	13.86	29.25	4.49	7.94	2.67	1.77	1.01	0.78	3.71	1.65	1.36	0.404	0.88	1.82
6.3/4	63	40	4	7	4.058	3.185	0.202	16.49	33.30	5.23	8.63	3.12	2.02	1.14	0.88	3.87	1.70	1.40	0.398	0.92	1.87
			5		4.993	3.920	0.202	20.02	41.63	6.31	10.86	3.76	2.00	1.12	0.87	4.74	2.07	1.71	0.396	0.95	2.04
			6		5.908	4.638	0.201	23.36	49.98	7.29	13.12	4.34	1.96	1.11	0.86	5.59	2.43	1.99	0.393	0.99	2.08
			7		6.802	5.339	0.201	26.53	58.07	8.24	15.47	4.97	1.98	1.10	0.86	6.40	2.78	2.29	0.389	1.03	2.12

续表 3-3-9

型号	截面尺寸/mm				截面面积/cm²	理论重量/kg·m⁻¹	外表面积/m²·m⁻¹	惯性矩/cm⁴					惯性半径/cm			截面模数/cm³			tanα	重心距离/cm	
	B	b	d	r				I_x	I_{x1}	I_y	I_{y1}	I_u	i_x	i_y	i_u	W_x	W_y	W_u		X_0	Y_0
7/4.5	70	45	4	7.5	4.547	3.570	0.226	23.17	45.92	7.55	12.26	4.40	2.26	1.29	0.98	4.86	2.17	1.77	0.410	1.02	2.15
			5		5.609	4.403	0.225	27.95	57.10	9.13	15.39	5.40	2.23	1.28	0.98	5.92	2.65	2.19	0.407	1.06	2.24
			6		6.647	5.218	0.225	32.54	68.35	10.62	18.58	6.35	2.21	1.26	0.98	6.95	3.12	2.59	0.404	1.09	2.28
			7		7.657	6.011	0.225	37.22	79.99	12.01	21.84	7.16	2.20	1.25	0.97	8.03	3.57	2.94	0.402	1.13	2.32
7.5/5	75	50	5	8	6.125	4.808	0.245	34.86	70.00	12.61	21.04	7.41	2.39	1.44	1.10	6.83	3.30	2.74	0.435	1.17	2.36
			6		7.260	5.699	0.245	41.12	84.30	14.70	25.37	8.54	2.38	1.42	1.08	8.12	3.88	3.19	0.435	1.21	2.40
			8		9.467	7.431	0.244	52.39	112.50	18.53	34.23	10.87	2.35	1.40	1.07	10.52	4.99	4.10	0.429	1.29	2.44
			10		11.590	9.098	0.244	62.71	140.80	21.96	43.43	13.10	2.33	1.38	1.06	12.79	6.04	4.99	0.423	1.36	2.52
8/5	80	50	5		6.375	5.005	0.255	41.96	85.21	12.82	21.06	7.66	2.56	1.42	1.10	7.78	3.32	2.74	0.388	1.14	2.60
			6		7.560	5.935	0.255	49.49	102.53	14.95	25.41	8.85	2.56	1.41	1.08	9.25	3.91	3.20	0.387	1.18	2.65
			7		8.724	6.848	0.255	56.16	119.33	46.96	29.82	10.18	2.54	1.39	1.08	10.58	4.48	3.70	0.384	1.21	2.69
			8		9.867	7.745	0.254	62.83	136.41	18.85	34.32	11.38	2.52	1.38	1.07	11.92	5.03	4.16	0.381	1.25	2.73
9/5.6	90	56	5	9	7.212	5.661	0.287	60.45	121.32	18.32	29.53	10.98	2.90	1.59	1.23	9.92	4.21	3.49	0.385	1.25	2.91
			6		8.557	6.717	0.286	71.03	145.59	21.42	35.58	12.90	2.88	1.58	1.23	11.74	4.96	4.13	0.384	1.29	2.95
			7		9.880	7.756	0.286	81.01	169.60	24.36	41.71	14.67	2.86	1.57	1.22	13.49	5.70	4.72	0.382	1.33	3.00
			8		11.183	8.779	0.286	91.03	194.17	27.15	47.93	16.34	2.85	1.56	1.21	15.27	6.41	5.29	0.380	1.36	3.04

续表 3-3-9

型号	截面尺寸/mm				截面面积/cm^2	理论重量/$kg\cdot m^{-1}$	外表面积/$m^2\cdot m^{-1}$	惯性矩/cm^4					惯性半径/cm			截面模数/cm^3			$\tan\alpha$	重心距离/cm	
	B	b	d	r				I_x	I_{x1}	I_y	I_{y1}	I_u	i_x	i_y	i_u	W_x	W_y	W_u		X_0	Y_0
10/6.3	100	63	6	10	9.617	7.550	0.320	99.06	199.71	30.94	50.50	18.42	3.21	1.79	1.38	14.64	6.35	5.25	0.394	1.43	3.24
			7		11.111	8.722	0.320	113.45	233.00	35.26	59.14	21.00	3.20	1.78	1.38	16.88	7.29	6.02	0.394	1.47	3.28
			8		12.534	9.878	0.319	127.37	266.32	39.39	67.88	23.50	3.18	1.77	1.37	19.08	8.21	6.78	0.391	1.50	3.32
			10		15.467	12.142	0.319	153.81	333.06	47.12	85.73	28.33	3.15	1.74	1.35	23.32	9.98	8.24	0.387	1.58	3.40
10/8	100	80	6		10.637	8.350	0.354	107.04	199.83	61.24	102.68	31.65	3.17	2.40	1.72	15.19	10.16	8.37	0.627	1.97	2.95
			7		12.301	9.656	0.354	122.73	233.20	70.08	119.98	36.17	3.16	2.39	1.72	17.52	11.71	9.60	0.626	2.01	3.0
			8		13.944	10.946	0.353	137.92	266.61	78.58	137.37	40.58	3.14	2.37	1.71	19.81	13.21	10.80	0.625	2.05	3.04
			10		17.167	13.476	0.353	166.87	333.63	94.65	172.48	49.10	3.12	2.35	1.69	24.24	16.12	13.12	0.622	2.13	3.12
11/7	110	70	6		10.637	8.350	0.354	133.37	265.78	42.92	69.08	25.36	3.54	2.01	1.54	17.85	7.90	6.53	0.403	1.57	3.53
			7		12.301	9.656	0.354	153.00	310.07	49.01	80.82	28.95	3.53	2.00	1.53	20.60	9.09	7.50	0.402	1.61	3.57
			8		13.944	10.946	0.353	172.04	354.39	54.87	92.70	32.45	3.51	1.98	1.53	23.30	10.25	8.45	0.401	1.65	3.62
			10		17.167	13.476	0.353	208.39	443.13	65.88	116.83	39.20	3.48	1.96	1.51	28.54	12.48	10.29	0.397	1.72	3.70
12.5/8	125	80	7	11	14.096	11.066	0.403	227.98	454.99	74.42	120.32	43.81	4.02	2.30	1.76	26.86	12.01	9.92	0.408	1.80	4.01
			8		15.989	12.551	0.403	256.77	519.99	83.49	137.85	49.15	4.01	2.28	1.75	30.41	13.56	11.18	0.407	1.84	4.06
			10		19.712	15.474	0.402	312.04	650.09	100.67	173.40	59.45	3.98	2.26	1.74	37.33	16.56	13.64	0.404	1.92	4.14
			12		23.351	18.330	0.402	364.41	780.39	116.67	209.67	69.35	3.95	2.24	1.72	44.01	19.43	16.01	0.400	2.00	4.22
14/9	140	90	8	12	18.038	14.160	0.453	365.64	730.53	120.69	195.79	70.83	4.50	2.59	1.98	38.48	17.34	14.31	0.411	2.04	4.50
			10		22.261	17.475	0.452	445.50	913.20	140.03	245.92	85.82	4.47	2.56	1.96	47.31	21.22	17.48	0.409	2.12	4.58
			12		26.400	20.724	0.451	521.59	1096.09	169.79	296.89	100.21	4.44	2.54	1.95	55.87	24.95	20.54	0.406	2.19	4.66
			14		30.456	23.908	0.451	594.10	1279.26	192.10	348.82	114.13	4.42	2.51	1.94	64.18	28.54	23.52	0.403	2.27	4.74

续表 3-3-9

型号	截面尺寸/mm				截面面积/cm^2	理论重量/$kg \cdot m^{-1}$	外表面积/$m^2 \cdot m^{-1}$	惯性矩/cm^4					惯性半径/cm			截面模数/cm^3			tanα	重心距离/cm	
	B	b	d	r				I_x	I_{x1}	I_y	I_{y1}	I_u	i_x	i_y	i_u	W_x	W_y	W_u		X_0	Y_0
15/9	150	90	8	12	18.839	14.788	0.473	442.05	898.35	122.80	195.96	74.14	4.84	2.55	1.98	43.86	17.47	14.48	0.364	1.97	4.92
			10		23.261	18.260	0.472	539.24	1122.85	148.62	246.26	89.86	4.81	2.53	1.97	53.97	21.38	17.69	0.362	2.05	5.01
			12		27.600	21.666	0.471	632.08	1347.50	172.85	297.46	104.95	4.79	2.50	1.95	63.79	25.14	20.80	0.359	2.12	5.09
			14		31.856	25.007	0.471	720.77	1572.38	195.62	349.74	119.53	4.76	2.48	1.94	73.33	28.77	23.84	0.356	2.20	5.17
			15		33.952	26.652	0.471	763.62	1684.93	206.50	376.33	126.67	4.74	2.47	1.93	77.99	30.53	25.33	0.354	2.24	5.21
			16		36.027	28.281	0.470	805.51	1797.55	217.07	403.24	133.72	4.73	2.45	1.93	82.60	32.27	26.82	0.352	2.27	5.25
16/10	160	100	10	13	25.315	19.872	0.512	668.69	1362.89	205.03	336.59	121.74	5.14	2.85	2.19	62.13	26.56	21.92	0.390	2.28	5.24
			12		30.054	23.592	0.511	784.91	1635.56	239.06	405.94	142.33	5.11	2.82	2.17	73.49	31.28	25.79	0.388	2.36	5.32
			14		34.709	27.247	0.510	896.30	1908.50	271.20	476.42	162.23	5.08	2.80	2.16	84.56	35.83	29.56	0.385	0.43	5.40
			16		29.281	30.835	0.510	1003.04	2181.79	301.60	548.22	182.57	5.05	2.77	2.16	95.33	40.24	33.44	0.382	2.51	5.48
18/11	180	110	10	14	28.373	22.273	0.571	956.25	1940.40	278.11	447.22	166.50	5.80	3.13	2.42	78.96	32.49	26.88	0.376	2.44	5.89
			12		33.712	26.44	0.571	1124.72	2328.38	325.03	538.94	194.87	5.78	3.10	2.40	93.53	38.32	31.66	0.374	2.52	5.98
			14		38.967	30.589	0.570	1286.91	2716.60	369.55	631.95	222.30	5.75	3.08	2.39	107.76	43.97	36.32	0.372	2.59	6.06
			16		44.139	34.649	0.569	1443.06	3105.15	411.85	726.46	248.94	5.72	3.06	2.38	121.64	49.44	40.87	0.369	2.67	6.14
20/12.5	200	125	12		37.912	29.761	0.641	1570.90	3193.85	483.16	787.74	285.79	6.44	3.57	2.74	116.73	49.99	41.23	0.392	2.83	6.54
			14		43.687	34.436	0.640	1800.97	3726.17	550.83	922.47	326.58	6.41	3.54	2.73	134.65	57.44	47.34	0.390	2.91	6.62
			16		49.739	39.045	0.639	2023.35	4258.88	615.44	1058.86	366.21	6.38	3.52	2.71	152.18	64.89	53.32	0.388	2.99	6.70
			18		55.526	43.588	0.639	2238.30	4792.00	677.19	1197.13	404.83	6.35	3.49	2.70	169.33	71.74	59.18	0.385	3.06	6.78

注：截面图中 $r_1 = 1/3d$；表中 r 的数据用于孔型设计，不做交货条件。

表 3-3-10　等边角钢

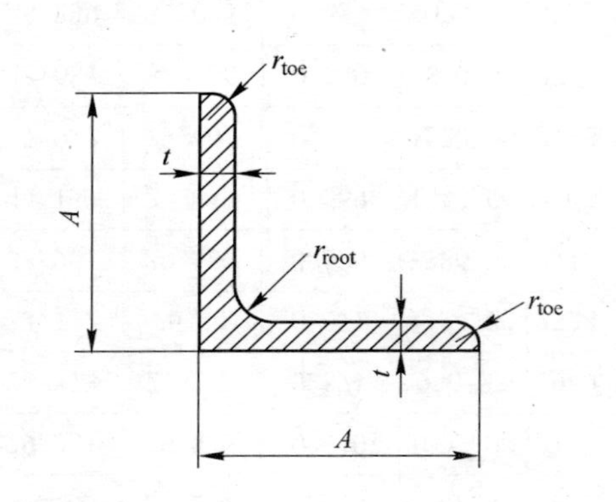

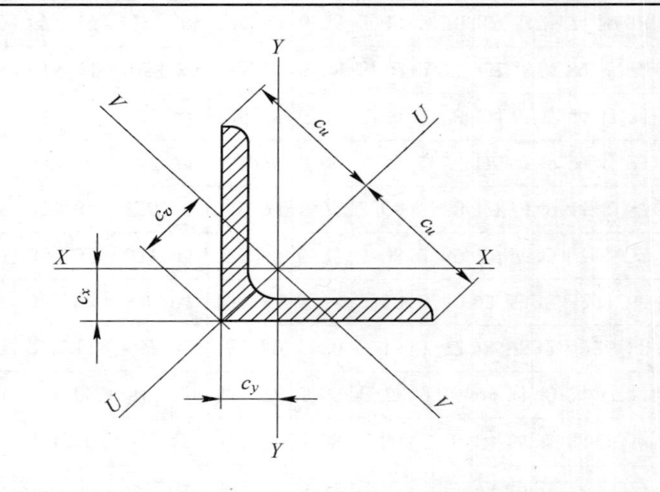

规格	重量 /kg·m^{-1}	截面面积 /cm^2	尺寸			重心			截面特性							
									X—X = Y—Y			U—U		V—V		
			A /mm	t /mm	r_{root} /mm	$c_x = c_y$ /cm	c_u /cm	c_v /cm	$I_x = I_y$ /cm^4	$r_x = r_y$ /cm	$Z_x = Z_y$ /cm^3	I_u /cm^4	r_u /cm	I_v /cm^4	r_v /cm	Z_v /cm^3
20×20×3	0.882	1.12	20	3	3.5	0.598	1.41	0.846	0.392	0.590	0.279	0.618	0.742	0.165	0.383	0.195
25×25×3	1.12	1.42	25	3	3.5	0.723	1.77	1.02	0.803	0.751	0.452	1.27	0.945	0.334	0.484	0.326
25×25×4	1.45	1.85	25	4	3.5	0.762	1.77	1.08	1.02	0.741	0.586	1.61	0.931	0.430	0.482	0.399
30×30×3	1.36	1.74	30	3	5	0.835	2.12	1.18	1.40	0.899	0.649	2.22	1.13	0.585	0.581	0.496
30×30×4	1.78	2.27	30	4	5	0.878	2.12	1.24	1.80	0.892	0.850	2.85	1.12	0.754	0.577	0.607
35×35×4	2.09	2.67	35	4	5	1.00	2.47	1.42	2.95	1.05	1.18	4.68	1.32	1.23	0.678	0.865

续表 3-3-10

规格	重量 /kg·m^{-1}	截面面积 /cm^2	尺寸			重心			截面特性							
									X—X=Y—Y			U—U		V—V		
			A /mm	t /mm	r_{root} /mm	$c_x=c_y$ /cm	c_u /cm	c_v /cm	$I_x=I_y$ /cm^4	$r_x=r_y$ /cm	$Z_x=Z_y$ /cm^3	I_u /cm^4	r_u /cm	I_v /cm^4	r_v /cm	Z_v /cm^3
35×35×5	2.57	3.28	35	5	5	1.04	2.47	1.48	3.56	1.04	1.45	5.64	1.31	1.49	0.675	1.01
40×40×3	1.84	2.35	40	3	6	1.07	2.83	1.52	3.45	1.21	1.18	5.45	1.52	1.44	0.783	0.949
40×40×4	2.42	3.08	40	4	6	1.12	2.83	1.58	4.47	1.21	1.55	7.09	1.52	1.86	0.777	1.17
40×40×5	2.97	3.79	40	5	6	1.16	2.83	1.64	5.43	1.20	1.91	8.60	1.51	2.26	0.773	1.38
45×45×4	2.74	3.49	45	4	7	1.23	3.18	1.75	6.43	1.36	1.97	10.2	1.71	2.68	0.876	1.53
45×45×5	3.38	4.30	45	5	7	1.28	3.18	1.81	7.84	1.35	2.43	12.4	1.70	3.26	0.871	1.80
50×50×4	3.06	3.89	50	4	7	1.36	3.54	1.92	8.97	1.52	2.46	14.2	1.91	3.73	0.979	1.94
50×50×5	3.77	4.80	50	5	7	1.40	3.54	1.99	11.0	1.51	3.05	17.4	1.90	4.55	0.973	2.29
50×50×6	4.47	5.69	50	6	7	1.45	3.54	2.04	12.8	1.50	3.61	20.3	1.89	5.34	0.968	2.61
60×60×5	4.57	5.82	60	5	8	1.64	4.24	2.32	19.4	1.82	4.45	30.7	2.30	8.03	1.17	3.46
60×60×6	5.42	6.91	60	6	8	1.69	4.24	2.39	22.8	1.82	5.29	36.1	2.29	9.44	1.17	3.96
60×60×8	7.09	9.03	60	8	8	1.77	4.24	2.50	29.2	1.80	6.89	46.1	2.26	12.2	1.16	4.86
65×65×6	5.91	7.53	65	6	9	1.80	4.60	2.55	29.2	1.97	6.21	46.3	2.48	12.1	1.27	4.74
65×65×8	7.73	9.85	65	8	9	1.89	4.60	2.67	37.5	1.95	8.13	59.4	2.46	15.6	1.26	5.84

续表 3-3-10

规格	重量 /kg·m^{-1}	截面面积 /cm^2	尺寸			重心			截面特性							
									$X—X=Y—Y$			$U—U$		$V—V$		
			A /mm	t /mm	r_{root} /mm	$c_x=c_y$ /cm	c_u /cm	c_v /cm	$I_x=I_y$ /cm^4	$r_x=r_y$ /cm	$Z_x=Z_y$ /cm^3	I_u /cm^4	r_u /cm	I_v /cm^4	r_v /cm	Z_v /cm^3
70×70×6	6.38	8.13	70	6	9	1.93	4.95	2.73	36.9	2.13	7.27	58.5	2.68	15.3	1.37	5.60
70×70×7	7.38	9.40	70	7	9	1.97	4.95	2.79	42.3	2.12	8.41	67.1	2.67	17.5	1.36	6.28
75×75×6	6.85	8.73	75	6	9	2.05	5.30	2.90	45.8	2.29	8.41	72.7	2.89	18.9	1.47	6.53
75×75×8	8.99	11.4	75	8	9	2.14	5.30	3.02	59.1	2.27	11.0	93.8	2.86	24.5	1.46	8.09
80×80×6	7.34	9.35	80	6	10	2.17	5.66	3.07	55.8	2.44	9.57	88.5	3.08	23.1	1.57	7.55
80×80×8	9.63	12.3	80	8	10	2.26	5.66	3.19	72.2	2.43	12.6	115	3.06	29.9	1.56	9.37
80×80×10	11.9	15.1	80	10	10	2.34	5.66	3.30	87.5	2.41	15.4	139	3.03	36.4	1.55	11.0
90×90×7	9.61	12.2	90	7	11	2.45	6.36	3.47	92.5	2.75	14.1	147	3.46	38.3	1.77	11.0
90×90×8	10.9	13.9	90	8	11	2.50	6.36	3.53	104	2.74	16.1	166	3.45	43.1	1.76	12.2
90×90×9	12.2	15.5	90	9	11	2.54	6.36	3.59	116	2.73	17.9	184	3.44	47.9	1.76	13.3
90×90×10	15.0	17.1	90	10	11	2.58	6.36	3.65	127	2.72	19.8	201	3.42	52.6	1.75	14.4
100×100×8	12.2	15.5	100	8	12	2.74	7.07	3.87	145	3.06	19.9	230	3.85	59.9	1.96	15.5
100×100×10	15.0	19.2	100	10	12	2.82	7.07	3.99	177	3.04	24.6	280	3.83	73.0	1.95	18.3
100×100×12	17.8	22.7	100	12	12	2.90	7.07	4.11	207	3.02	29.1	328	3.80	85.7	1.94	20.9
120×120×8	14.7	18.7	120	8	13	3.23	8.49	4.56	255	3.69	29.1	405	4.65	105	2.37	23.1

续表 3-3-10

规格	重量 /kg·m^{-1}	截面面积 /cm^2	尺寸			重心			截面特性							
									X—X = Y—Y			U—U		V—V		
			A /mm	t /mm	r_{root} /mm	$c_x=c_y$ /cm	c_u /cm	c_v /cm	$I_x=I_y$ /cm^4	$r_x=r_y$ /cm	$Z_x=Z_y$ /cm^3	I_u /cm^4	r_u /cm	I_v /cm^4	r_v /cm	Z_v /cm^3
120×120×10	18.2	23.2	120	10	13	3.31	8.49	4.69	313	3.67	36.0	497	4.63	129	2.36	27.5
120×120×12	21.6	27.5	120	12	13	3.40	8.49	4.80	368	3.65	42.7	584	4.60	152	2.35	31.6
125×125×8	15.3	19.5	125	8	13	3.35	8.84	4.74	290	3.85	31.7	461	4.85	120	2.47	25.3
125×125×10	19.0	24.2	125	10	13	3.44	8.84	4.86	356	3.84	39.3	565	4.83	146	2.46	30.1
125×125×12	22.6	28.7	125	12	13	3.52	8.84	4.98	418	3.81	46.6	664	4.81	172	2.45	34.6
150×150×10	23.0	29.3	150	10	16	4.03	10.6	5.71	624	4.62	56.9	990	5.82	258	2.97	45.1
150×150×12	27.3	34.8	150	12	16	4.12	10.6	5.83	737	4.60	67.7	1170	5.80	303	2.95	52.0
150×150×15	33.8	43.0	150	15	16	4.25	10.6	6.01	898	4.57	83.5	1430	5.76	370	2.93	61.6
180×180×15	40.9	52.1	180	15	18	4.98	12.7	7.05	1590	5.52	122	2520	6.96	653	3.54	92.7
180×180×18	48.6	61.9	180	18	18	5.10	12.7	7.22	1870	5.49	145	2960	6.92	768	3.52	106
200×200×16	48.5	61.8	200	16	18	5.52	14.1	7.81	2340	6.16	162	3720	7.76	960	3.94	123
200×200×20	59.9	76.3	200	20	18	5.68	14.1	8.04	2850	6.11	199	4530	7.70	1170	3.92	146
200×200×24	71.1	90.6	200	24	18	5.84	14.1	8.26	3330	6.06	235	5280	7.64	1380	3.90	167
250×250×28	104	133	250	28	18	7.24	17.7	10.2	7700	7.62	433	12200	9.61	3170	4.89	309
250×250×35	128	163	250	35	18	7.50	17.7	10.6	9260	7.54	529	14700	9.48	3860	4.87	364

表3-3-11　不等边角钢

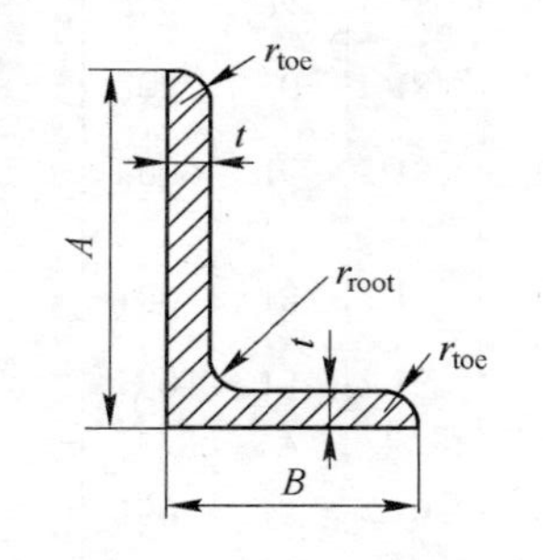

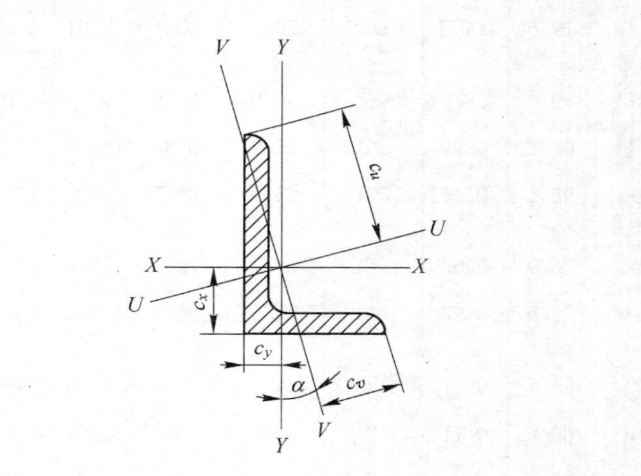

规格	重量 /kg·m⁻¹	截面面积 /cm²	尺寸				重心				截面特性										
											X—X			Y—Y			U—U		V—V		tanα
			A /mm	B /mm	t /mm	r_{root} /mm	c_x /cm	c_y /cm	c_u /cm	c_v /cm	I_x /cm⁴	r_x /cm	Z_x /cm³	I_y /cm⁴	r_y /cm	Z_y /cm³	I_u /cm⁴	r_u /cm	I_v /cm⁴	r_v /cm	
30×20×3	1.12	1.43	30	20	3	4	0.990	0.502	2.05	1.04	1.25	0.935	0.621	0.437	0.553	0.292	1.43	1.00	0.256	0.424	0.427
30×20×4	1.46	1.86	30	20	4	4	1.03	0.541	2.02	1.04	1.59	0.925	0.807	0.553	0.546	0.379	1.81	0.988	0.330	0.421	0.421
40×20×4	1.77	2.26	40	20	4	4	1.47	0.48	2.58	1.17	3.59	1.26	1.42	0.600	0.514	0.393	3.80	1.30	0.393	0.417	0.252
40×25×4	1.93	2.46	40	25	4	4	1.36	0.623	2.69	1.35	3.89	1.26	1.47	1.16	0.687	0.619	4.35	1.33	0.700	0.534	0.380
45×30×5	2.76	3.52	45	30	5	4	1.52	0.779	3.04	1.58	6.98	1.41	2.35	2.47	0.837	1.11	8.00	1.51	1.45	0.641	0.429

续表 3-3-11

规格	重量 /kg·m^{-1}	截面面积 /cm^2	尺寸				重心				截面特性												
											X—X			Y—Y			U—U		V—V		tanα
			A /mm	B /mm	t /mm	r_{root} /mm	c_x /cm	c_y /cm	c_u /cm	c_v /cm	I_x /cm^4	r_x /cm	Z_x /cm^3	I_y /cm^4	r_y /cm	Z_y /cm^3	I_u /cm^4	r_u /cm	I_v /cm^4	r_v /cm	
50×30×4	2.41	3.07	50	30	4	5	1.68	0.701	3.36	1.67	7.71	1.59	2.33	2.09	0.825	0.907	8.53	1.67	1.27	0.644	0.356
50×30×5	2.96	3.78	50	30	5	5	1.73	0.741	3.33	1.65	9.36	1.57	2.86	2.51	0.816	1.11	10.3	1.65	1.54	0.639	0.352
50×40×5	3.36	4.28	50	40	5	5	1.55	1.06	3.49	1.85	10.3	1.55	3.00	5.85	1.17	1.99	13.2	1.75	3.03	0.842	0.621
60×30×5	3.36	4.28	60	30	5	5	2.17	0.684	3.88	1.77	15.6	1.91	4.07	2.63	0.784	1.14	16.5	1.97	1.71	0.633	0.257
60×30×6	3.98	5.07	60	30	6	5	2.21	0.723	3.85	1.76	18.2	1.90	4.81	3.05	0.776	1.34	19.3	1.95	2.01	0.630	0.253
60×40×5	3.76	4.79	60	40	5	6	1.96	0.972	4.10	2.11	17.2	1.89	4.25	6.11	1.13	2.02	19.7	2.03	3.54	0.86	0.434
60×40×6	4.46	5.68	60	40	6	6	2.00	1.01	4.08	2.10	20.1	1.88	5.03	7.12	1.12	2.38	23.1	2.02	4.16	0.855	0.431
60×50×6	4.93	6.28	60	50	6	6	1.84	1.34	4.20	2.22	21.7	1.86	5.22	13.7	1.47	3.73	28.5	2.13	6.84	1.04	0.677
60×50×8	6.44	8.20	60	50	8	6	1.91	1.42	4.18	2.24	27.7	1.84	6.77	17.3	1.45	4.84	36.2	2.10	8.81	1.04	0.672
65×50×5	4.35	5.54	65	50	5	6	1.99	1.25	4.53	2.39	23.2	2.05	5.14	11.9	1.47	3.19	28.8	2.28	6.32	1.07	0.577
65×50×6	5.16	6.58	65	50	6	6	2.04	1.29	4.52	2.39	27.2	2.03	6.10	14.0	1.46	3.77	33.8	2.27	7.43	1.06	0.575
65×50×8	6.75	8.60	65	50	8	6	2.11	1.37	4.49	2.39	34.8	2.01	7.93	17.7	1.44	4.89	43.0	2.23	9.57	1.05	0.569
70×50×6	5.41	6.89	70	50	6	7	2.23	1.25	4.83	2.52	33.4	2.20	7.01	14.2	1.43	3.78	39.7	2.40	7.92	1.07	0.500
70×50×7	6.25	7.96	70	50	7	7	2.27	1.29	4.81	2.52	38.2	2.19	8.08	16.0	1.42	4.35	45.3	2.39	9.06	1.07	0.493
75×50×6	5.65	7.19	75	50	6	7	2.44	1.21	5.12	2.64	40.5	2.37	8.01	14.4	1.42	3.81	46.6	2.55	8.36	1.08	0.435
75×50×8	7.39	9.41	75	50	8	7	2.52	1.29	5.08	2.62	52.0	2.35	10.4	18.4	1.40	4.95	59.6	2.52	10.8	1.07	0.430

续表 3-3-11

规格	重量 /kg·m^{-1}	截面面积 /cm^2	尺寸				重心				截面特性										
											X—X			Y—Y			U—U		V—V		tanα
			A /mm	B /mm	t /mm	r_{root} /mm	c_x /cm	c_y /cm	c_u /cm	c_v /cm	I_x /cm^4	r_x /cm	Z_x /cm^3	I_y /cm^4	r_y /cm	Z_y /cm^3	I_u /cm^4	r_u /cm	I_v /cm^4	r_v /cm	
80×40×6	5.41	6.89	80	40	6	7	2.85	0.884	5.20	2.38	44.9	2.55	8.73	7.59	1.05	2.44	47.6	2.63	4.93	0.845	0.258
80×40×8	7.07	9.01	80	40	8	7	2.94	0.963	5.14	2.34	57.6	2.53	11.4	9.61	1.03	3.16	60.9	2.60	6.34	0.838	0.253
80×60×6	6.37	8.11	80	60	6	8	2.47	1.48	5.57	2.92	51.4	2.52	9.29	24.8	1.75	5.49	62.8	2.78	13.4	1.29	0.547
80×60×7	7.36	9.38	80	60	7	8	2.51	1.52	5.55	2.92	59.0	2.51	10.7	28.4	1.74	6.34	72.0	2.77	15.4	1.28	0.546
80×60×8	8.34	10.6	80	60	8	8	2.55	1.56	5.53	2.92	66.3	2.50	12.2	31.8	1.73	7.16	80.8	2.76	17.3	1.27	0.544
90×60×8	8.97	11.4	90	60	8	8	2.96	1.48	6.13	3.16	92.3	2.84	15.3	32.8	1.70	7.27	106	3.05	19.0	1.29	0.434
90×65×6	7.07	9.01	90	65	6	8	2.79	1.56	6.24	3.27	73.4	2.85	11.8	32.3	1.89	6.53	87.9	3.12	17.8	1.41	0.510
90×65×8	9.29	11.8	90	65	8	8	2.88	1.64	6.20	3.26	94.9	2.83	15.5	41.5	1.87	8.54	113	3.10	23.0	1.39	0.507
90×75×8	9.91	12.6	90	75	8	8	2.72	1.98	6.31	3.35	99.5	2.81	15.8	62.7	2.23	11.4	131	3.22	31.2	1.57	0.679
90×75×10	12.2	15.6	90	75	10	8	2.80	2.06	6.29	3.35	121	2.79	19.5	75.8	2.21	13.9	159	3.19	38.1	1.56	0.676
90×75×13	15.6	19.8	90	75	13	8	2.91	2.17	6.26	3.38	150	2.75	24.6	93.7	2.17	17.6	196	3.14	47.9	1.55	0.670
100×50×6	6.84	8.71	100	50	6	8	3.51	1.05	6.55	3.00	89.9	3.21	13.8	15.4	1.33	3.89	95.4	3.31	9.92	1.07	0.262
100×50×8	8.97	11.4	100	50	8	8	3.60	1.13	6.48	2.96	116	3.19	18.2	19.7	1.31	5.08	123	3.28	12.8	1.06	0.258
100×50×10	11.0	14.1	100	50	10	8	3.68	1.21	6.42	2.93	141	3.16	22.3	23.6	1.29	6.21	149	3.25	15.5	1.05	0.253
100×65×7	8.77	11.2	100	65	7	10	3.23	1.51	6.83	3.49	113	3.17	16.6	37.6	1.83	7.53	128	3.39	22.0	1.40	0.415
100×65×8	9.94	12.7	100	65	8	10	3.27	1.55	6.81	3.47	127	3.16	18.9	42.2	1.83	8.54	144	3.37	24.8	1.40	0.413
100×65×10	12.3	15.6	100	65	10	10	3.36	1.63	6.76	3.45	154	3.14	23.2	51.0	1.81	10.5	175	3.35	30.1	1.39	0.410

续表 3-3-11

规格	重量 /kg·m⁻¹	截面面积 /cm²	尺寸				重心				截面特性 X—X			截面特性 Y—Y			截面特性 U—U		截面特性 V—V		tanα
			A /mm	B /mm	t /mm	r_{root} /mm	c_x /cm	c_y /cm	c_u /cm	c_v /cm	I_x /cm^4	r_x /cm	Z_x /cm^3	I_y /cm^4	r_y /cm	Z_y /cm^3	I_u /cm^4	r_u /cm	I_v /cm^4	r_v /cm	
100×75×8	10.6	13.5	100	75	8	10	3.10	1.87	6.95	3.65	133	3.14	19.3	64.1	2.18	11.4	162	3.47	34.6	1.60	0.547
100×75×10	13.0	16.6	100	75	10	10	3.19	1.95	6.92	3.65	162	3.12	23.8	77.6	2.16	14.0	197	3.45	42.2	1.59	0.544
100×75×12	15.4	19.7	100	75	12	10	3.27	2.03	6.89	3.65	189	3.10	28.0	90.2	2.14	16.5	230	3.42	49.5	1.59	0.540
100×90×10	14.2	18.1	100	90	10	10	2.96	2.47	7.04	3.68	172	3.08	24.4	132	2.69	20.1	242	3.66	61.2	1.84	0.797
100×90×13	18.1	23.1	100	90	13	10	3.08	2.59	7.03	3.71	215	3.05	31.0	164	2.66	25.5	301	3.61	77.1	1.83	0.794
120×80×8	12.2	15.5	120	80	8	11	3.83	1.87	8.23	4.23	226	3.82	27.6	80.8	2.28	13.2	260	4.10	46.6	1.74	0.437
120×80×10	15.0	19.1	120	80	10	11	3.92	1.95	8.19	4.21	276	3.80	34.1	98.1	2.26	16.2	317	4.07	56.8	1.72	0.435
120×80×12	17.8	22.7	120	80	12	11	4.00	2.03	8.15	4.20	323	3.77	40.4	114	2.24	19.1	371	4.04	66.7	1.71	0.431
125×75×8	12.2	15.5	125	75	8	11	4.14	1.68	8.44	4.20	247	4.00	29.6	67.6	2.09	11.6	274	4.21	40.9	1.63	0.360
125×75×10	15.0	19.1	125	75	10	11	4.23	1.76	8.39	4.17	302	3.97	36.5	82.1	2.07	14.3	334	4.18	49.9	1.61	0.357
125×75×12	17.8	22.7	125	75	12	11	4.31	1.84	8.33	4.15	354	3.95	43.2	95.5	2.05	16.9	391	4.15	58.5	1.61	0.354
125×90×10	16.2	20.6	125	90	10	11	3.95	2.23	8.63	4.52	321	3.95	37.7	140	2.60	20.6	384	4.31	77.4	1.94	0.506
125×90×13	20.7	26.4	125	90	13	11	4.08	2.34	8.58	4.52	404	3.91	48.0	175	2.57	26.2	481	4.27	97.4	1.92	0.501
135×65×8	12.2	15.5	135	65	8	11	4.78	1.34	8.79	3.95	291	4.34	33.4	45.2	1.71	8.75	307	4.45	29.4	1.38	0.245
135×65×10	15.0	19.1	135	65	10	11	4.88	1.42	8.72	3.91	356	4.31	41.3	54.7	1.69	10.8	375	4.43	35.9	1.37	0.243
150×75×9	15.4	19.6	150	75	9	12	5.26	1.57	9.82	4.50	455	4.82	46.7	77.9	1.99	13.1	483	4.96	50.2	1.60	0.261

续表 3-3-11

规格	重量 /kg·m^{-1}	截面面积 /cm^2	尺寸				重心				截面特性										tanα
											X—X			Y—Y			U—U		V—V		
			A /mm	B /mm	t /mm	r_{root} /mm	c_x /cm	c_y /cm	c_u /cm	c_v /cm	I_x /cm^4	r_x /cm	Z_x /cm^3	I_y /cm^4	r_y /cm	Z_y /cm^3	I_u /cm^4	r_u /cm	I_v /cm^4	r_v /cm	
150×75×10	17.0	21.7	150	75	10	12	5.31	1.61	9.79	4.48	501	4.81	51.6	85.6	1.99	14.5	531	4.95	55.1	1.60	0.261
150×75×12	20.2	25.7	150	75	12	12	5.40	1.69	9.72	4.44	588	4.78	61.3	99.6	1.97	17.1	623	4.92	64.7	1.59	0.258
150×75×15	24.8	31.7	150	75	15	12	5.52	1.81	9.63	4.40	713	4.75	75.2	119	1.94	21.0	753	4.88	78.6	1.58	0.253
150×90×10	18.2	23.2	150	90	10	12	5.00	2.04	10.1	5.03	533	4.80	53.3	146	2.51	21.0	591	5.05	88.3	1.95	0.360
150×90×12	21.6	27.5	150	90	12	12	5.08	2.12	10.1	5.00	627	4.77	63.3	171	2.49	24.8	694	5.02	104	1.94	0.358
150×90×15	26.6	33.9	150	90	15	12	5.21	2.23	9.98	4.98	761	4.74	77.7	205	2.46	30.4	841	4.98	126	1.93	0.354
150×100×10	19.0	24.2	150	100	10	12	4.81	2.34	10.3	5.29	553	4.79	54.2	199	2.87	25.9	637	5.13	114	2.17	0.438
150×100×12	22.5	28.7	150	100	12	12	4.89	2.42	10.2	5.28	651	4.76	64.4	233	2.85	30.7	749	5.11	134	2.16	0.436
150×100×16	29.5	37.6	150	100	16	12	5.06	2.58	10.2	5.26	834	4.71	83.9	296	2.80	39.8	957	5.05	173	2.14	0.431
180×90×10	20.5	26.2	180	90	10	12	6.31	1.86	11.8	5.42	882	5.81	75.4	153	2.42	21.4	937	5.99	97.9	1.94	0.264
200×100×10	23.0	29.2	200	100	10	15	6.93	2.01	13.2	6.05	1220	6.46	93.2	210	2.68	26.3	1290	6.65	135	2.15	0.263
200×100×12	27.3	34.8	200	100	12	15	7.03	2.10	13.1	6.00	1440	6.43	111	247	2.67	31.3	1530	6.63	159	2.14	0.262
200×100×14	31.6	40.3	200	100	14	15	7.12	2.18	13.0	5.96	1650	6.41	128	282	2.65	36.1	1750	6.60	182	2.13	0.261
200×100×16	35.9	45.7	200	100	16	15	7.20	2.26	13.0	5.93	1861	6.38	145	316	2.63	40.8	1972	6.57	205	2.12	0.259
200×150×12	32.0	40.8	200	150	12	15	6.08	3.61	13.9	7.34	1650	6.36	119	803	4.44	70.5	2030	7.04	430	3.25	0.552
200×150×15	39.6	50.5	200	150	15	15	6.21	3.73	13.9	7.33	2022	6.33	147	979	4.40	86.9	2476	7.00	526	3.23	0.551
200×150×20	52.0	66.2	200	150	20	15	6.41	3.93	13.8	7.34	2602	6.27	191	1252	4.35	113	3176	6.92	678	3.20	0.546
200×150×25	64.0	81.5	200	150	25	15	6.60	4.11	13.7	7.36	3139	6.21	234	1501	4.29	138	3816	6.84	825	3.18	0.541

3.4 槽钢尺寸规格

3.4.1 美国槽钢尺寸规格

美国槽钢尺寸规格（ASTM A6/A6M—2009）如表3-4-1和表3-4-2所示。

表3-4-1 C型钢尺寸规格

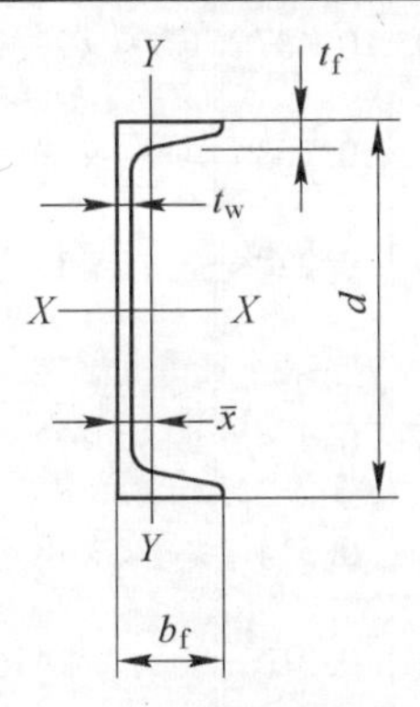

牌号[公称高度(in)和重量(lb/lft)]	截面面积 A /in^2	高度 d /in	凸缘 宽度 b_f /in	凸缘 厚度① t_f/in	腹板厚度① t_w/in	牌号[公称高度(mm)和重量(kg/m)]	截面面积 A /mm^2	高度 d /mm	凸缘 宽度 b_f /mm	凸缘 厚度① t_f /mm	腹板厚度① t_w/mm
C15×50	14.7	15.00	3.716	0.650	0.716	C380×74	9480	381	94	16.5	18.2
×40	11.8	15.00	3.520	0.650	0.520	×60	7610	381	89	16.5	13.2
×33.9	9.96	15.00	3.400	0.650	0.400	×50.4	6430	381	86	16.5	10.2
C12×30	8.82	12.00	3.170	0.501	0.510	C310×45	5690	305	80	12.7	13.0
×25	7.35	12.00	3.047	0.501	0.387	×37	4740	305	77	12.7	9.8
×20.7	6.09	12.00	2.942	0.501	0.282	×30.8	3930	305	74	12.7	7.2
C10×30	8.82	10.00	3.033	0.436	0.673	C250×45	5690	254	76	11.1	17.1
×25	7.35	10.00	2.886	0.436	0.526	×37	4740	254	73	11.1	13.4
×20	5.88	10.00	2.739	0.436	0.379	×30	3790	254	69	11.1	9.6
×15.3	4.49	10.00	2.600	0.436	0.240	×22.8	2900	254	65	11.1	6.1
C9×20	5.88	9.00	2.648	0.413	0.448	C230×30	3790	229	67	10.5	11.4
×15	4.41	9.00	2.485	0.413	0.285	×22	2850	229	63	10.5	7.2
×13.4	3.94	9.00	2.433	0.413	0.233	×19.9	2540	229	61	10.5	5.9

续表 3-4-1

牌号［公称高度(in)和重量(lb/lft)］	截面面积 A /in^2	高度 d /in	凸缘		腹板厚度① t_w/in	牌号［公称高度(mm)和重量(kg/m)］	截面面积 A /mm^2	高度 d /mm	凸缘		腹板厚度① t_w/mm
			宽度 b_f /in	厚度① t_f/in					宽度 b_f /mm	厚度① t_f /mm	
C8×18.75	5.51	8.00	2.527	0.390	0.487	C200×27.9	3550	203	64	9.9	12.4
×13.75	4.04	8.00	2.343	0.390	0.303	×20.5	2610	203	59	9.9	7.7
×11.5	3.38	8.00	2.260	0.390	0.220	×17.1	2180	203	57	9.9	5.6
C7×14.75	4.33	7.00	2.299	0.366	0.419	C180×22	2790	178	58	9.3	10.6
×12.25	3.60	7.00	2.194	0.366	0.314	×18.2	2320	178	55	9.3	8.0
×9.8	2.87	7.00	2.090	0.366	0.210	×14.6	1850	178	53	9.3	5.3
C6×13	3.83	6.00	2.157	0.343	0.437	C150×19.3	2470	152	54	8.7	11.1
×10.5	3.09	6.00	2.034	0.343	0.314	×15.6	1990	152	51	8.7	8.0
×8.2	2.40	6.00	1.920	0.343	0.200	×12.2	1550	152	48	8.7	5.1
C5×9	2.64	5.00	1.885	0.320	0.325	C130×13	1700	127	47	8.1	8.3
×6.7	1.97	5.00	1.750	0.320	0.190	×10.4	1270	127	44	8.1	4.8
C4×7.25	2.13	4.00	1.721	0.296	0.321	C100×10.8	1370	102	43	7.5	8.2
×6.25	1.84	4.00	1.647	0.272	0.247	×9.3	1187	102	42	6.9	6.3
×5.4	1.59	4.00	1.584	0.296	0.184	×8	1030	102	40	7.5	4.7
×4.5	1.32	4.00	1.584	0.296	0.125	×6.7	852	102	40	7.5	3.2
C3×6	1.76	3.00	1.596	0.273	0.356	C75×8.9	1130	76	40	6.9	9.0
×5	1.47	3.00	1.498	0.273	0.258	×7.4	948	76	37	6.9	6.6
×4.1	1.21	3.00	1.410	0.273	0.170	×6.1	781	76	35	6.9	4.3
×3.5	1.03	3.00	1.372	0.273	0.132	×5.2	665	76	35	6.9	3.4

① 精确的凸缘和腹板厚度取决于轧机轧制工艺，而这些尺寸的允许偏差没有给出。

表 3-4-2 MC 型钢尺寸规格

牌号［公称高度(in)和重量(lb/lft)］	截面面积 A /in^2	高度 d /in	凸缘 宽度 b_f /in	凸缘 厚度① t_f/in	腹板厚度① t_w/in	牌号［公称高度(mm)和重量(kg/m)］	截面面积 A /mm^2	高度 d /mm	凸缘 宽度 b_f /mm	凸缘 厚度① t_f /mm	腹板厚度① t_w/mm
MC18×58	17.1	18.00	4.200	0.625	0.700	MC460×86	11000	457	107	15.9	17.8
×51.9	15.3	18.00	4.100	0.625	0.600	×77.2	9870	457	104	15.9	15.2
×45.8	13.5	18.00	4.000	0.625	0.500	×68.2	8710	457	102	15.9	12.7
×42.7	12.6	18.00	3.950	0.625	0.450	×63.5	8130	457	100	15.9	11.4
MC13×50	14.7	13.00	4.412	0.610	0.787	MC330×74	9480	330	112	15.5	20.0
×40	11.8	13.00	4.185	0.610	0.560	×60	7610	330	106	15.5	14.2
×35	10.3	13.00	4.072	0.610	0.447	×52	6640	330	103	15.5	11.4
×31.8	9.35	13.00	4.000	0.610	0.375	×47.3	6030	330	102	15.5	9.5
MC12×50	14.7	12.00	4.135	0.700	0.835	MC310×74	9480	305	105	17.8	21.2
×45	13.2	12.00	4.010	0.700	0.710	×67	8502	305	102	17.8	18.0
×40	11.8	12.00	3.890	0.700	0.590	×60	7610	305	98	17.8	15.0
×35	10.3	12.00	3.765	0.700	0.465	×52	6620	305	96	17.8	11.8
×31	9.12	12.00	3.670	0.700	0.370	×46	5890	305	93	17.8	9.4
MC12×14.3	4.19	12.00	2.125	0.313	0.250	MC310×21.3	2700	305	54	8.0	6.4
×10.6	3.10	12.00	1.500	0.309	0.190	×15.8	2000	305	38	7.8	4.8
MC10×41.1	12.1	10.00	4.321	0.575	0.796	MC250×61.2	7810	254	110	14.6	20.2
×33.6	9.87	10.00	4.100	0.575	0.575	×50	6370	254	104	14.6	14.6
×28.5	8.37	10.00	3.950	0.575	0.425	×42.4	5400	254	100	14.6	10.8
MC10×25	7.35	10.00	3.405	0.575	0.380	MC250×37	4740	254	86	14.6	9.7
×22	6.45	10.00	3.315	0.575	0.290	×33	4160	254	84	14.6	7.4
MC10×8.4	2.46	10.00	1.500	0.280	0.170	MC250×12.5	1590	254	38	7.1	4.3
×6.5	1.91	10.00	1.17	0.202	0.152	×9.7	1240	254	28	5.1	3.9

续表 3-4-2

牌号［公称高度（in）和重量（lb/lft）］	截面面积 A /in^2	高度 d /in	凸缘		腹板厚度① t_w/in	牌号［公称高度（mm）和重量（kg/m）］	截面面积 A /mm^2	高度 d /mm	凸缘		腹板厚度① t_w/mm
			宽度 b_f /in	厚度① t_f/in					宽度 b_f /mm	厚度① t_f /mm	
MC9×25.4	7.47	9.00	3.500	0.550	0.450	MC230×37.8	4820	229	88	14.0	11.4
×23.9	7.02	9.00	3.450	0.550	0.400	×35.6	4530	229	87	14.0	10.2
MC8×22.8	6.70	8.00	3.502	0.525	0.427	MC200×33.9	4320	203	88	13.3	10.8
×21.4	6.28	8.00	3.450	0.525	0.375	×31.8	4050	203	87	13.3	9.5
MC8×20	5.88	8.00	3.025	0.500	0.400	MC200×29.8	3790	203	76	12.7	10.2
×18.7	5.50	8.00	2.978	0.500	0.353	×27.8	3550	203	75	12.7	9.0
MC8×8.5	2.50	8.00	1.874	0.311	0.179	MC200×12.6	1610	203	47	7.9	4.5
MC7×22.7	6.67	7.00	3.603	0.500	0.503	MC180×33.8	4300	178	91	12.7	12.8
×19.1	5.61	7.00	3.452	0.500	0.352	×28.4	3620	178	87	12.7	8.9
MC6×18	5.29	6.00	3.504	0.475	0.379	MC150×26.8	3410	152	88	12.1	9.6
×15.3	4.50	6.00	3.500	0.385	0.340	×22.8	2900	152	88	9.8	8.6
MC6×16.3	4.79	6.00	3.000	0.475	0.375	MC150×24.3	3090	152	76	12.1	9.5
×15.1	4.44	6.00	2.941	0.475	0.316	×22.5	2860	152	74	12.1	8.0
MC6×12	3.53	6.00	2.497	0.375	0.310	MC150×17.9	2280	152	63	9.5	7.9

① 精确的凸缘和腹板厚度取决于轧机轧制工艺，而这些尺寸的允许偏差没有给出。

3.4.2　日本槽钢尺寸规格

日本槽钢尺寸规格（JIS G 3192—2005）如表 3-4-3 所示。

表 3-4-3　槽钢截面尺寸和截面特性

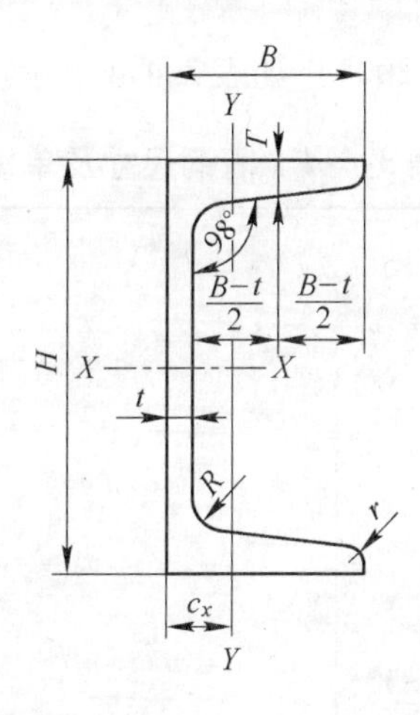

规　格	每米重量 M /kg·m^{-1}	截面面积 A /cm^2	尺　寸						重心 c_x /cm	截面特性					
										X—X			Y—Y		
			H /mm	B /mm	T /mm	t /mm	R① /mm	r① /mm		I_x /cm^4	Z_x /cm^3	r_x /cm	I_y /cm^4	Z_y /cm^3	r_y /cm
CH80×8	8.23	10.5	80	45	7.5	5.5	8.0	4.0	1.43	102	25.6	3.12	18.0	5.85	1.30
CH100×10	10.3	13.1	100	50	8.0	5.9	8.0	4.5	1.51	200	40.0	3.91	27.2	7.77	1.44
CH120×12	12.5	16.0	120	55	8.5	6.3	8.0	4.5	1.60	350	58.4	4.68	39.5	10.1	1.57
CH140×15	15.0	19.2	140	60	9.0	6.7	9.0	4.5	1.68	570	81.4	5.45	55.3	12.8	1.67
CH160×18	18.2	23.2	160	65	10.0	7.2	9.0	5.5	1.81	900	113	6.22	79.0	16.8	1.81
CH180×21	21.3	27.2	180	70	10.5	7.7	10.0	5.5	1.90	1320	147	6.98	105	20.6	1.94
CH200×25	25.2	32.1	200	75	11.5	8.2	12.0	6.0	2.02	1930	193	7.75	142	26.0	2.10
CH220×29	28.7	36.6	220	80	12.0	8.7	12.0	6.5	2.11	2640	240	8.50	183	31.0	2.23
CH250×34	33.9	43.2	250	85	13.0	9.2	13.5	7.0	2.20	4000	320	9.63	240	38.2	2.36
CH300×45	45.2	57.5	300	100	15.0	10.0	15.0	8.0	2.60	7800	520	11.6	452	61.1	2.80
CH350×52	51.8	66.0	350	100	16.0	10.5	16.0	8.0	2.48	11900	678	13.4	496	66.3	2.74
CH400×59	58.9	75.0	400	100	17.0	11.0	17.0	8.5	2.38	17200	858	15.2	541	71.0	2.68

① 不作为交货条件，仅供计算使用。

3.4.3　英国槽钢尺寸规格

英国槽钢尺寸规格（BS 4-1∶2005）如表3-4-4所示。

表3-4-4　槽钢尺寸及单重

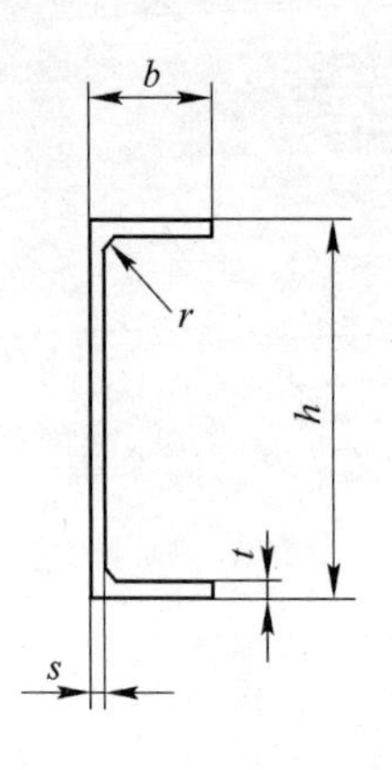

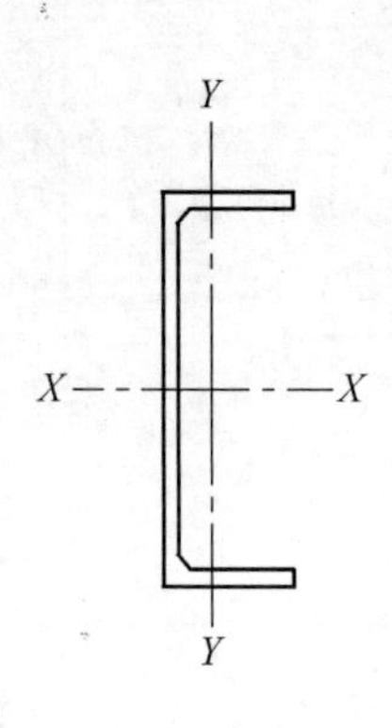

规　格	重　量	高　度	宽　度	腰厚度	腿厚度	圆角半径
		h	b	s	t	r
	kg/m	mm	mm	mm	mm	mm
430×100×64	64.4	430	100	11.0	19.0	15
380×100×54	54.0	380	100	9.5	17.5	15
300×100×46	45.5	300	100	9.0	16.5	15
300×90×41	41.4	300	90	9.0	15.5	12
260×90×35	34.8	260	90	8.0	14.0	12
260×75×28	27.6	260	75	7.0	12.0	12
230×90×32	32.2	230	90	7.5	14.0	12
230×75×26	25.7	230	75	6.5	12.5	12
200×90×30	29.7	200	90	7.0	14.0	12
200×75×23	23.4	200	75	6.0	12.5	12
180×90×26	26.1	180	90	6.5	12.5	12
180×75×20	20.3	180	75	6.0	10.5	12
150×90×24	23.9	150	90	6.5	12.0	12
150×75×18	17.9	150	75	5.5	10.0	12
125×65×15	14.8	125	65	5.5	9.5	12
100×50×10	10.2	100	50	5.0	8.5	9

3.4.4　我国槽钢尺寸规格

我国的槽钢尺寸规格（GB/T 706—2008）及截面特性如表 3-4-5 所示。

表 3-4-5　我国槽钢尺寸规格及截面特性

型号	截面尺寸/mm						截面面积 /cm^2	理论重量 /$kg \cdot m^{-1}$	惯性矩 /cm^4			惯性半径 /cm		截面模数 /cm^3		重心距离 /cm
	h	b	d	t	r	r_1			I_x	I_y	I_{y1}	i_x	i_y	W_x	W_y	Z_0
5	50	37	4.5	7.0	7.0	3.5	6.928	5.438	26.0	8.30	20.9	1.94	1.10	10.4	3.55	1.35
6.3	63	40	4.8	7.5	7.5	3.8	8.451	6.634	50.8	11.9	28.4	2.45	1.19	16.1	4.50	1.36
6.5	65	40	4.3	7.5	7.5	3.8	8.547	6.709	55.2	12.0	28.3	2.54	1.19	17.0	4.59	1.38
8	80	43	5.0	8.0	8.0	4.0	10.248	8.045	101	16.6	37.4	3.15	1.27	25.3	5.79	1.43
10	100	48	5.3	8.5	8.5	4.2	12.748	10.007	198	25.6	54.9	3.95	1.41	39.7	7.80	1.52
12	120	53	5.5	9.0	9.0	4.5	15.362	12.059	346	37.4	77.7	4.75	1.56	57.7	10.2	1.62
12.6	126	53	5.5	9.0	9.0	4.5	15.692	12.318	391	38.0	77.1	4.95	1.57	62.1	10.2	1.59
14a	140	58	6.0	9.5	9.5	4.8	18.516	14.535	564	53.2	107	5.52	1.70	80.5	13.0	1.71
14b		60	8.0				21.316	16.733	609	61.1	121	5.35	1.69	87.1	14.1	1.67
16a	160	63	6.5	10.0	10.0	5.0	21.962	17.24	866	73.3	144	6.28	1.83	108	16.3	1.80
16b		65	8.5				25.162	19.752	935	83.4	161	6.10	1.82	117	17.6	1.75
18a	180	68	7.0	10.5	10.5	5.2	25.699	20.174	1270	98.6	190	7.04	1.96	141	20.0	1.88
18b		70	9.0				29.299	23.000	1370	111	210	6.84	1.95	152	21.5	1.84
20a	200	73	7.0	11.0	11.0	5.5	28.837	22.637	1780	128	244	7.86	2.11	178	24.2	2.01
20b		75	9.0				32.837	25.777	1910	144	268	7.64	2.09	191	25.9	1.95
22a	220	77	7.0	11.5	11.5	5.8	31.846	24.999	2390	158	298	8.67	2.23	218	28.2	2.10
22b		79	9.0				36.246	28.453	2570	176	326	8.42	2.21	234	30.1	2.03
24a	240	78	7.0	12.0	12.0	6.0	34.217	26.860	3050	174	325	9.45	2.25	254	30.5	2.10
24b		80	9.0				39.017	30.628	3280	194	355	9.17	2.23	274	32.5	2.03
24c		82	11.0				43.817	34.396	3510	213	388	8.96	2.21	293	34.4	2.00
25a	250	78	7.0				34.917	27.410	3370	176	322	9.82	2.24	270	30.6	2.07
25b		80	9.0				39.917	31.335	3530	196	353	9.41	2.22	282	32.7	1.98
25c		82	11.0				44.917	35.260	3690	218	384	9.07	2.21	295	35.9	1.92

续表 3-4-5

型号	截面尺寸/mm						截面面积 /cm^2	理论重量 /$kg \cdot m^{-1}$	惯性矩 /cm^4			惯性半径 /cm		截面模数 /cm^3		重心距离 /cm
	h	b	d	t	r	r_1			I_x	I_y	I_{y1}	i_x	i_y	W_x	W_y	Z_0
27a	270	82	7.5	12.5	12.5	6.2	39.284	30.838	4360	216	393	10.5	2.34	323	35.5	2.13
27b		84	9.5				44.684	35.077	4690	239	428	10.3	2.31	347	37.7	2.06
27c		86	11.5				50.084	39.316	5020	261	467	10.1	2.28	372	39.8	2.03
28a	280	82	7.5				40.034	31.427	4760	218	388	10.9	2.33	340	35.7	2.10
28b		84	9.5				45.634	35.823	5130	242	428	10.6	2.30	366	37.9	2.02
28c		86	11.5				51.234	40.219	5500	268	463	10.4	2.29	393	40.3	1.95
30a	300	85	7.5	13.5	13.5	6.8	43.902	34.463	6050	260	467	11.7	2.43	403	41.1	2.17
30b		87	9.5				49.902	39.173	6500	289	515	11.4	2.41	433	44.0	2.13
30c		89	11.5				55.902	43.883	6950	316	560	11.2	2.38	463	46.4	2.09
32a	320	88	8.0	14.0	14.0	7.0	48.513	38.083	7600	305	552	12.5	2.50	475	46.5	2.24
32b		90	10.0				54.913	43.107	8140	336	593	12.2	2.47	509	49.2	2.16
32c		92	12.0				61.313	48.131	8690	374	643	11.9	2.47	543	52.6	2.09
36a	360	96	9.0	16.0	16.0	8.0	60.910	47.814	11900	455	818	14.0	2.73	660	63.5	2.44
36b		98	11.0				68.110	53.466	12700	497	880	13.6	2.70	703	66.9	2.37
36c		100	13.0				75.310	59.118	13400	536	948	13.4	2.67	746	70.0	2.34
40a	400	100	10.5	18.0	18.0	9.0	75.068	58.928	17600	592	1070	15.3	2.81	879	78.8	2.49
40b		102	12.5				83.068	65.208	18600	640	114	15.0	2.78	932	82.5	2.44
40c		104	14.5				91.068	71.488	19700	688	1220	14.7	2.75	986	86.2	2.42

注：表中 r、r_1 的数据用于孔型设计，不做交货条件。

3.4.5　国际标准化组织槽钢标准

国际标准化组织槽钢标准（ISO 657—11：1980）如表 3-4-6 所示。

表 3-4-6　热轧槽钢尺寸和截面特性

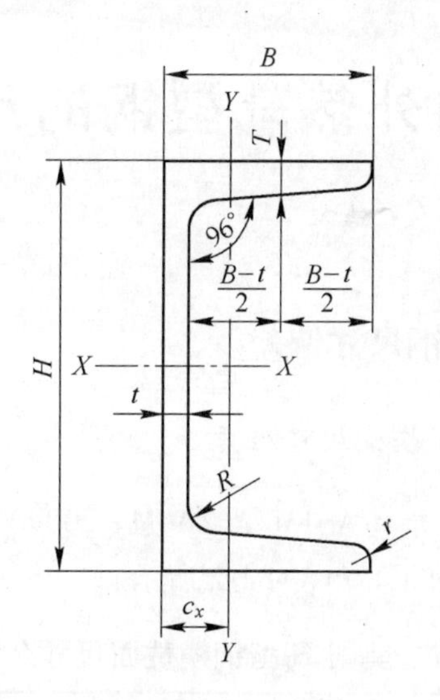

规格	重量	截面面积	尺寸						重心	截面特性					
										X—X			Y—Y		
	M	A	H	B	T	t	R^*	r^*	c_x	I_x	Z_x	r_x	I_y	Z_y	r_y
	kg/m	cm^2	mm	mm	mm	mm	mm	mm	cm	cm^4	cm^3	cm	cm^4	cm^3	cm
CH80×8	8. 23	10. 5	80	45	7. 5	5. 5	8. 0	4. 0	1. 43	102	25. 6	3. 12	18. 0	5. 85	1. 30
CH100×10	10. 3	13. 1	100	50	8. 0	5. 9	8. 0	4. 5	1. 51	200	40. 0	3. 91	27. 2	7. 77	1. 44
CH120×12	12. 5	16. 0	120	55	8. 5	6. 3	8. 0	4. 5	1. 60	350	58. 4	4. 68	39. 5	10. 1	1. 57
CH140×15	15. 0	19. 2	140	60	9. 0	6. 7	9. 0	4. 5	1. 68	570	81. 4	5. 45	55. 3	12. 8	1. 67
CH160×18	18. 2	23. 2	160	65	10. 0	7. 2	9. 0	5. 5	1. 81	900	113	6. 22	79. 0	16. 8	1. 81
CH180×21	21. 3	27. 2	180	70	10. 5	7. 7	10. 0	5. 5	1. 90	1320	147	6. 98	105	20. 6	1. 94
CH200×25	25. 2	32. 1	200	75	11. 5	8. 2	12. 0	6. 0	2. 02	1930	193	7. 75	142	26. 0	2. 10
CH220×29	28. 7	36. 6	220	80	12. 0	8. 7	12. 0	6. 5	2. 11	2640	240	8. 50	183	31. 0	2. 23
CH250×34	33. 9	43. 2	250	85	13. 0	9. 2	13. 5	7. 0	2. 20	4000	320	9. 63	240	38. 2	2. 36
CH300×45	45. 2	57. 5	300	100	15. 0	10. 0	15. 0	8. 0	2. 60	7800	520	11. 6	452	61. 1	2. 80
CH350×52	51. 8	66. 0	350	100	16. 0	10. 5	16. 0	8. 0	2. 48	11900	678	13. 4	496	66. 3	2. 74
CH400×59	58. 9	75. 0	400	100	17. 0	11. 0	17. 0	8. 5	2. 38	17200	858	15. 2	541	71. 0	2. 68

第4章　国内外热轧型钢的尺寸允许偏差

4.1　H型钢及其剖分T型钢尺寸偏差

4.1.1　美国H型钢及其剖分T型钢尺寸偏差

美国H型钢尺寸允许偏差（ASTM A6/A6M—2009）及其剖分T型钢尺寸偏差（ASTM A6/A6M—2009）如表4-1-1和表4-1-2所示。

表4-1-1　美国H型钢横截面尺寸允许偏差

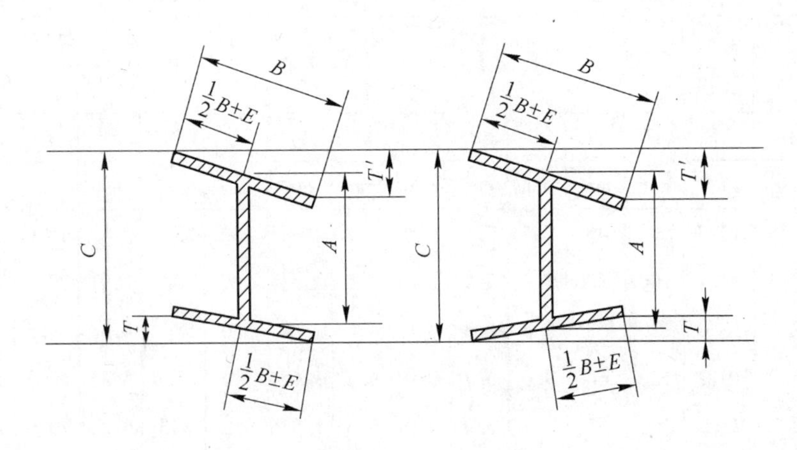

型钢	截面公称尺寸/mm	截面尺寸允许偏差/mm							给定厚度(in)的腹板厚度允许偏差(±)/mm	
		高度 A		凸缘宽度 B		$T+T'$① 凸缘脱方度②	腹板偏离中心③E	超过理论高度的任一截面的最大高度 C		
		大于理论值	小于理论值	大于理论值	小于理论值				≤5in	>5in
W和HP	≤310	4	3	6	5	6	5	6	—	—
	>310	4	3	6	5	8	5	6	—	—

注：1. 尺寸A为在W型钢的腹板中心线测量；

2. 表中出现“—”表示无要求。

① 当槽钢凸缘向内或向外倾斜时，用$T+T'$来测量。对于高度小于等于16mm的槽钢，允许脱方偏差为高度的0.05mm/mm。允许偏差应修约到最接近计算值。

② 指S、M、C和MC型钢每1mm凸缘宽度允许偏差。

③ 截面大于634kg/m的H型钢，最大允许偏差为8mm。

表 4-1-2 剖分 T 型钢尺寸偏差

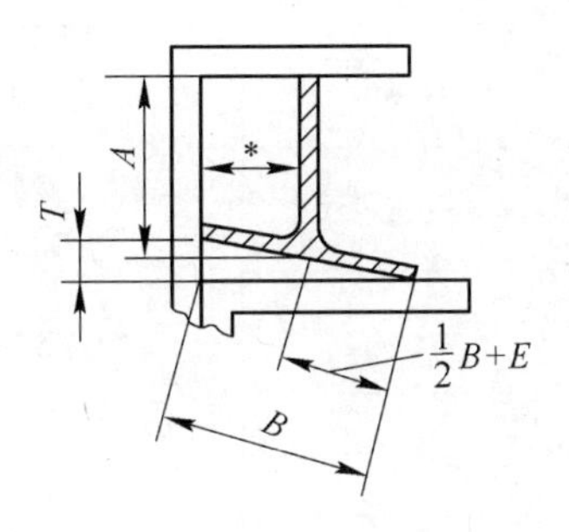

截面公称尺寸①/mm	截面尺寸允许偏差/mm											
	高度②A		宽度②B		脱方度③T	腹板最大偏心 E	腿脱方④	凸缘厚度		腿的厚度		
	正	负	正	负				正	负	正	负
≤30	1	1	1	1	—	—	1	0.2	0.2	0.1	0.5
>30 ~ 50	2	2	2	2	—	—	2	0.3	0.3	0.2	0.5
>50 ~ <75	2	2	2	2	—	—	2	0.4	0.4	0.4	0.5
75 ~ 125	2	2	3	3	0.03	2	—	—	—	—	—
>125 ~ 180	2	2	3	3	0.03	3	—	—	—	—	—

注：1. 在测量脱方度时，测 * 尺寸要求直尺的背面与杆的中心线平行；

2. 表中出现“—”的地方为无要求。

① 不等边 T 型钢，按较长边确定其尺寸允许偏差。

② 高度和宽度的测量是全部的。

③ 脱方度 T 的数值是指每 1mm 宽度 B 的脱方度。

④ 腿的脱方是指腿中心线实际部位的允许偏差，在顶点测量。

4.1.2 日本 H 型钢尺寸偏差

日本 H 型钢尺寸允许偏差（JIS G 3192—2005）如表 4-1-3 所示。

表 4-1-3 日本 H 型钢尺寸允许偏差 单位：mm

项目			允许偏差	图示
高度 H（按型号）		<400	±2.0	
		≥400 ~ <600	±3.0	
		≥600	±4.0	
宽度 B（按型号）		<100	±2.0	
		≥100 ~ <200	±2.5	
		≥200	±3.0	
厚度	t_1	<5	±0.5	
		≥5 ~ <16	±0.7	
		≥16 ~ <25	±1.0	
		≥25 ~ <40	±1.5	
		≥40	±2.0	
	t_2	<5	±0.7	
		≥5 ~ <16	±1.0	
		≥16 ~ <25	±1.5	
		≥25 ~ <40	±1.7	
		≥40	±2.0	
长度		≤7000	+60 0	
		>7000	长度每增加 1m 或不足 1m 时，正偏差在上述基础上加 5mm	

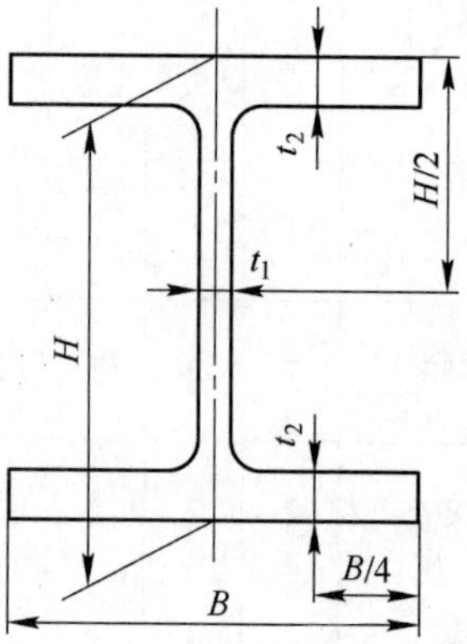

续表 4-1-3

项目		允许偏差	图示
翼缘斜度 T	高度（型号）≤300	T≤1.0% B。但允许偏差的最小值为1.5mm	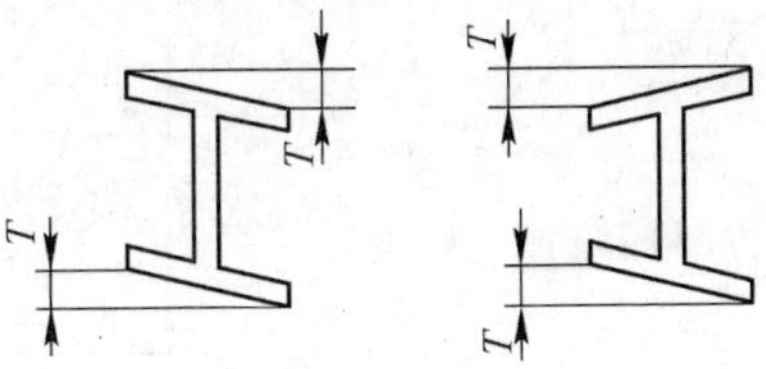
	高度（型号）>300	T≤1.2% B。但允许偏差的最小值为1.5mm	
弯曲度	高度（型号）≤300	≤长度的0.15%	适用于上下、左右大弯曲
	高度（型号）>300	≤长度的0.10%	
中心偏差 S	高度（型号）≤300且宽度（型号）≤200	±2.5	$S=\frac{b_1-b_2}{2}$ 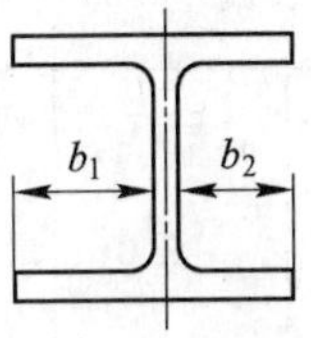
	高度（型号）>300或宽度（型号）>200	±3.5	
腹板弯曲 W	高度（型号）<400	≤2.0	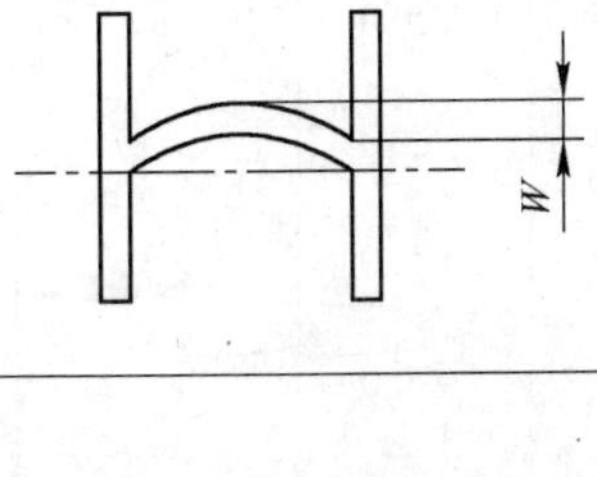
	≥400～<600	≤2.5	
	≥600	≤3.0	
端面斜度 E		E≤1.6%（H或B），但允许偏差的最小值为3.0mm	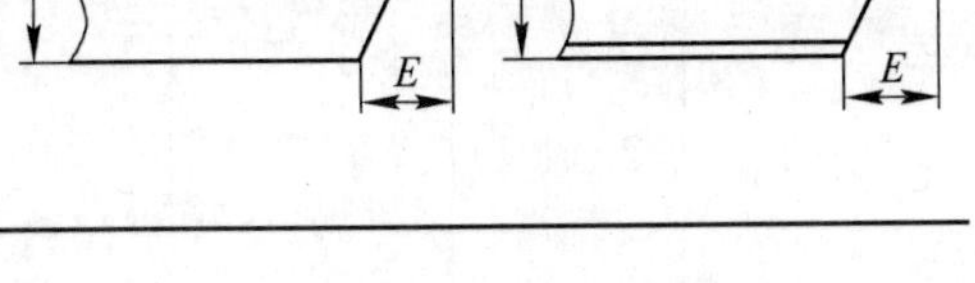

4.1.3　欧洲H型钢尺寸偏差

欧洲H型钢尺寸允许偏差（EN 10034：1993）如表4-1-4～表4-1-6所示。

表 4-1-4　欧洲 H 型钢尺寸允许偏差

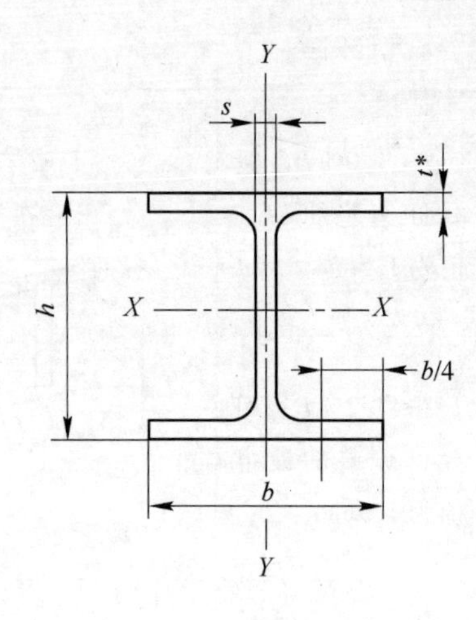

* 为 t 在 b/4 处测量。

型钢高度		腿宽度		腰部厚度		腿部厚度	
高度 h/mm	偏差/mm	宽度 b/mm	偏差/mm	厚度 s/mm	偏差/mm	厚度 t/mm	偏差/mm
$h \leqslant 180$	+3.0 −2.0	$b \leqslant 110$	+4.0 −1.0	$s<7$	±0.7	$t<6.5$	+1.5 −0.5
$180<h \leqslant 400$	+4.0 −2.0	$110<b \leqslant 210$	+4.0 −2.0	$7 \leqslant s<10$	±1.0	$6.5 \leqslant t<10$	+2.0 −1.0
$400<h \leqslant 700$	+5.0 −3.0	$210<b \leqslant 325$	+4.0 −4.0	$10 \leqslant s<20$	±1.5	$10 \leqslant t<20$	+2.5 −1.5
$h>700$	+5.0 −5.0	$b>325$	+6.0 −5.0	$20 \leqslant s<40$	±2.0	$20 \leqslant t<30$	+2.5 −2.0
				$40 \leqslant s<60$	±2.5	$30 \leqslant t<40$	+2.5 −2.5
				$s \geqslant 60$	±3.0	$40 \leqslant t<60$	+3.0 −3.0
						$t \geqslant 60$	+4.0 −4.0

表4-1-5　H型钢不平度

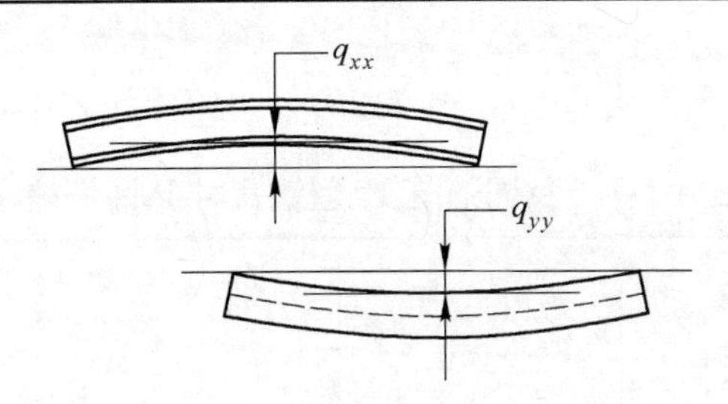

高度 h/mm	不平度 q_{xx}，q_{yy}/%
$80 < h \leqslant 180$	0.30L
$180 < h \leqslant 360$	0.15L
$h > 360$	0.1L

表4-1-6　H型钢脱方度和腰部偏心

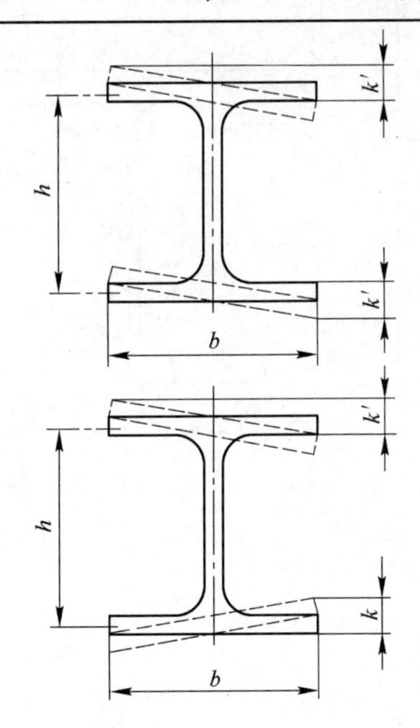

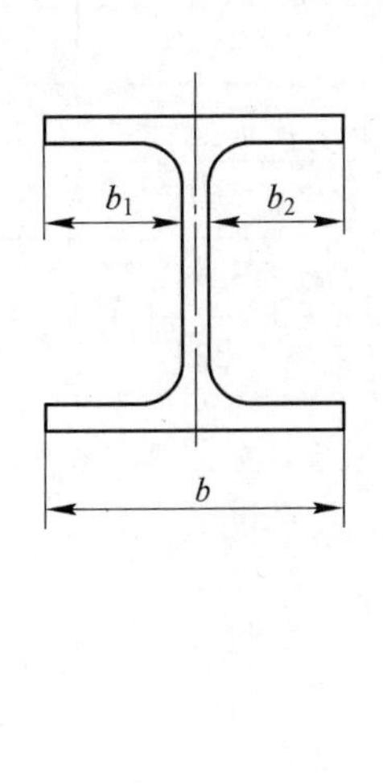

脱方度 $k+k'$		腰部偏心 $e=\frac{b_1-b_2}{2}$	
腿宽 b/mm	偏差/mm	腿宽 b/mm	偏差/mm
$b \leqslant 110$	1.5	$t < 40$	
$b > 110$	2% b（最大6.5mm）	$b \leqslant 110$	2.5
		$110 < b \leqslant 325$	3.5
		$b > 325$	5.0
		$t \geqslant 40$	
		$110 < b \leqslant 325$	5.0
		$b > 325$	8.0

4.1.4　我国H型钢尺寸偏差

我国热轧H型钢尺寸允许偏差（GB/T 11263—2010）如表4-1-7所示。

表4-1-7　我国热轧H型钢尺寸允许偏差　　单位：mm

项　目			允许偏差	图　示
高度 H（按型号）		<400	±2.0	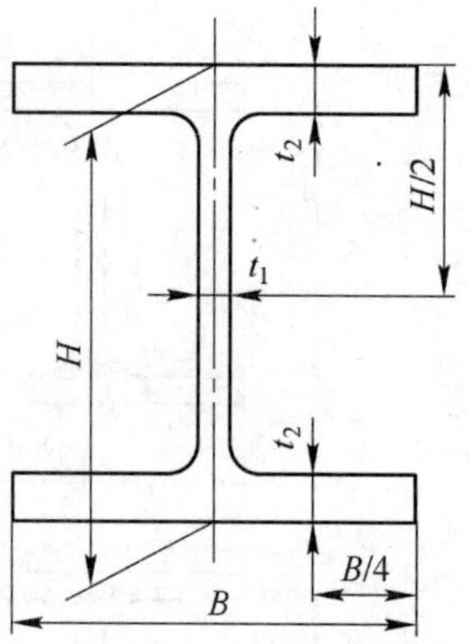
		≥400～<600	±3.0	
		≥600	±4.0	
宽度 B（按型号）		<100	±2.0	
		≥100～<200	±2.5	
		≥200	±3.0	
厚度	t_1	<5	±0.5	
		≥5～<16	±0.7	
		≥16～<25	±1.0	
		≥25～<40	±1.5	
		≥40	±2.0	
	t_2	<5	±0.7	
		≥5～<16	±1.0	
		≥16～<25	±1.5	
		≥25～<40	±1.7	
		≥40	±2.0	
长度		≤7000	+60 0	
		>7000	长度每增加1m或不足1m时，正偏差在上述基础上加5mm	
翼缘斜度 T		高度（型号）≤300	$T \leqslant 1.0\%\ B$。但允许偏差的最小值为1.5mm	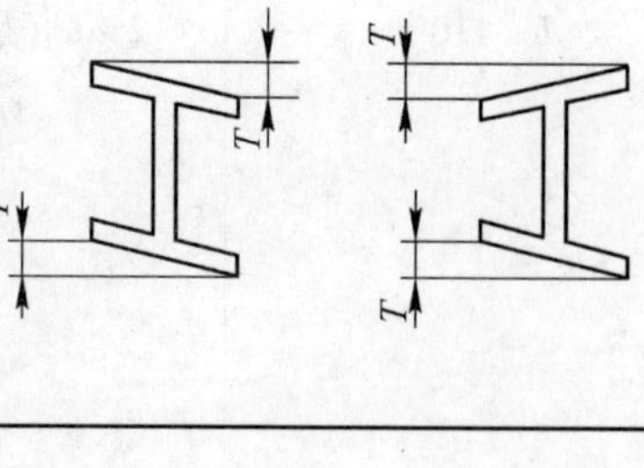
		高度（型号）>300	$T \leqslant 1.2\%\ B$。但允许偏差的最小值为1.5mm	

续表 4-1-7

项　目		允许偏差	图　示
弯曲度（适用于上下、左右大弯曲）	高度（型号）≤300	≤长度的0.15%	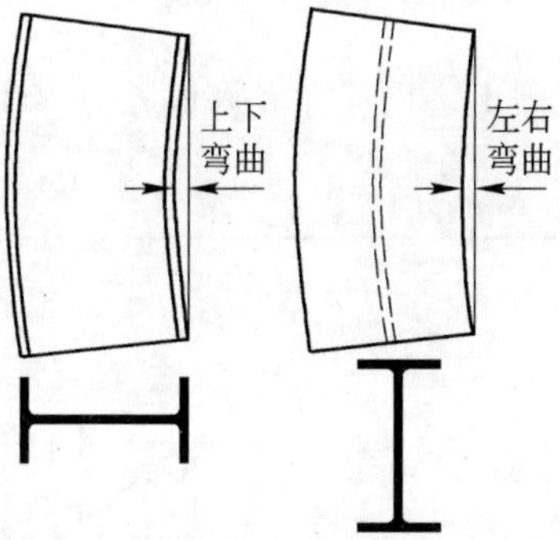
	高度（型号）>300	≤长度的0.10%	
中心偏差 S	高度（型号）≤300且宽度（型号）≤200	±2.5	$S = \frac{b_1 - b_2}{2}$ 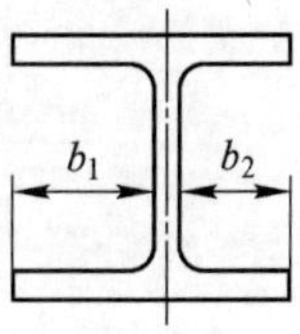
	高度（型号）>300或宽度（型号）>200	±3.5	
腹板弯曲 W	高度（型号）<400	≤2.0	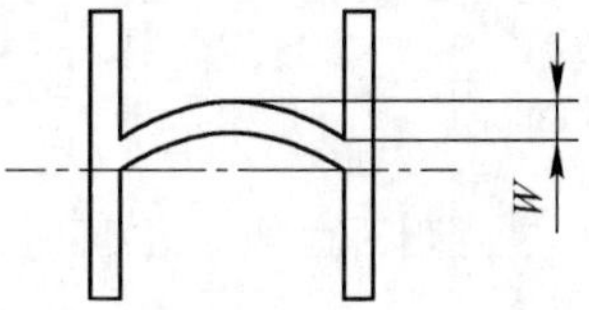
	≥400~<600	≤2.5	
	≥600	≤3.0	
翼缘弯曲 F	宽度 B≤400	F≤1.5%b。但是，允许偏差的最大值为1.5mm	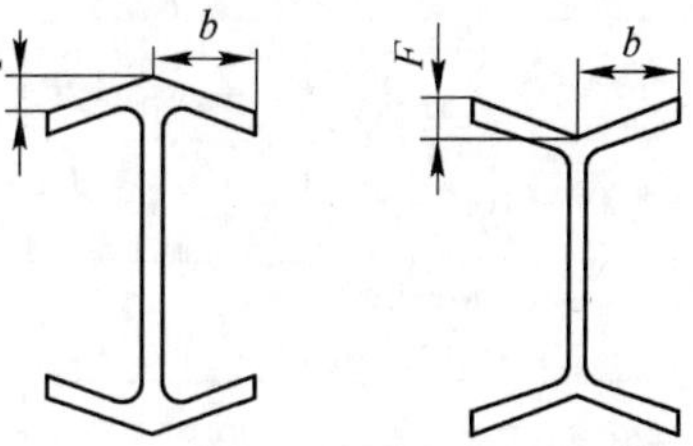
端面斜度 E		E≤1.6%（H或B），但允许偏差的最小值为3.0mm	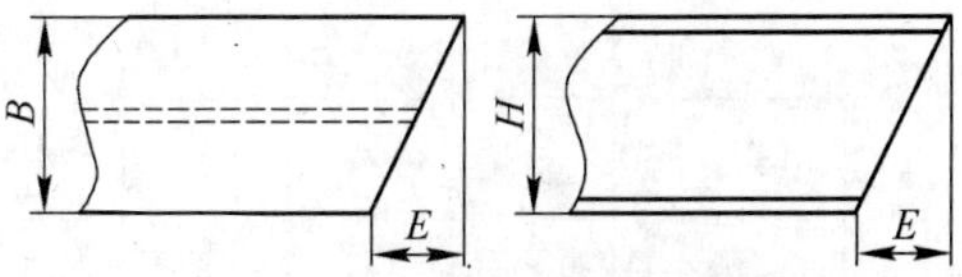
翼缘腿端外缘钝化		不得使直径等于0.18t_2的圆棒通过	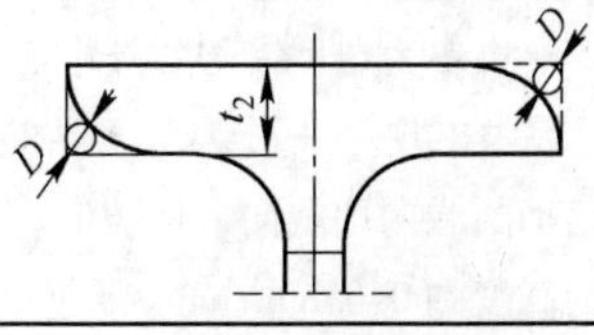

注：1. 尺寸和形状的测量部位见图示。
2. 弯曲度沿翼缘端部测量。

4.2　工字钢尺寸偏差

4.2.1　美国工字钢尺寸偏差

美国工字钢尺寸允许偏差（ASTM A6/A6M—2009）如表 4-2-1 所示。

表 4-2-1　美国工字钢横截面尺寸允许偏差

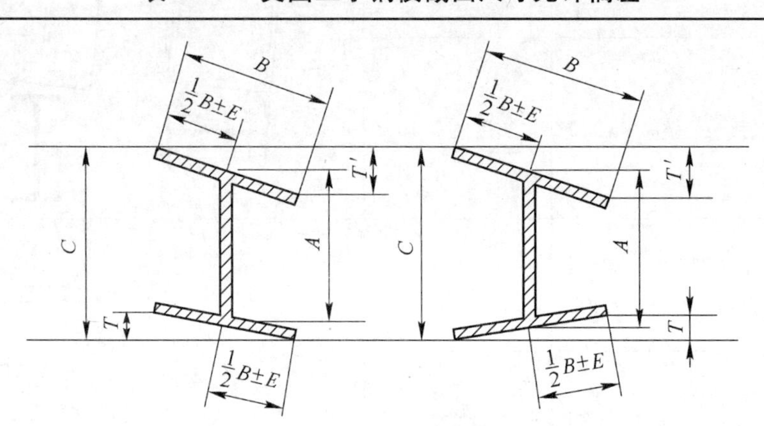

型钢	截面公称尺寸/mm	截面尺寸允许偏差/mm							给定厚度（in）的腹板厚度允许偏差（±）/mm	
		高度 A		凸缘宽度 B		$T+T'$① 凸缘脱方度②	腹板偏离中心③ E	超过理论高度的任一截面的最大高度 C		
		大于理论值	小于理论值	大于理论值	小于理论值				≤5in	>5in
S 和 M	75～180	2	2	3	3	0.03	5	—	—	—
	>180～360	3	2	4	4	0.03	5	—	—	—
	>360～610	5	3	5	5	0.03	5	—	—	—
C 和 MC	≤40	1	1	1	1	0.03	—	—	0.2	0.4
	>40～<75	2	2	2	2	0.03	—	—	0.4	0.5
	75～180	3	2	3	3	0.03	—	—	—	—
	>180～360	3	3	3	4	0.03	—	—	—	—
	>360	5	4	3	5	0.03	—	—		—

注：1. 尺寸 A 为在型钢的腹板中心线测量；

2. 表中出现“—”表示无要求。

① 当槽钢凸缘向内或向外倾斜时，用 $T+T'$ 来测量。对于高度小于等于 16mm 的槽钢，允许脱方偏差为高度的 0.05mm/mm。允许偏差应修约到最接近计算值。

② 型钢每 1mm 凸缘宽度允许偏差。

③ 截面大于 634kg/m 的工字钢，最大允许偏差为 8mm。

4.2.2　日本工字钢尺寸偏差

日本工字钢尺寸允许偏差（JIS 3192—2005）如表 4-2-2 所示。

表 4-2-2　日本工字钢尺寸允许偏差　　单位：mm

尺　寸			偏　差	图示及说明
腿长度（A 或 B）	<50		±1.5	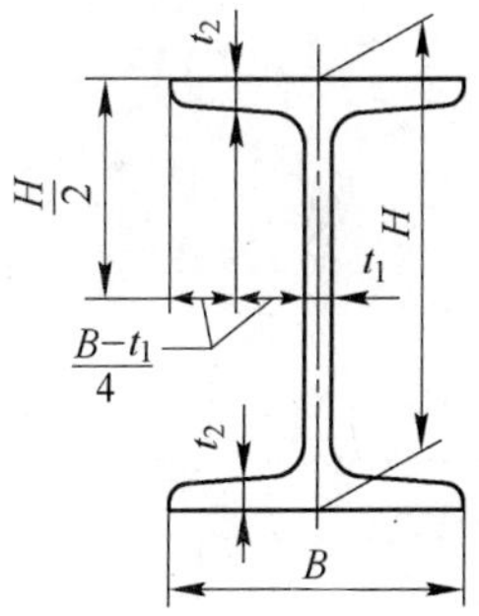
	≥50~100		±2.0	
	≥100~200		±3.0	
	≥200		±4.0	
高度（H）	<100		±1.5	
	≥100~200		±2.0	
	≥200~400		±3.0	
	≥400		±4.0	
厚度（t_1，t_2）	腿高（A 或 B）或高度（H）小于 130	<6.3	±0.6	
		≥6.3~10	±0.7	
		≥10~16	±0.8	
		≥16	±1.0	
	腿高（A 或 B）或高度（H）不小于 130	<6.3	±0.7	
		≥6.3~10	±0.8	
		≥10~16	±1.0	
		≥16~25	±1.2	
		≥25	±1.5	
长度	不大于 7m	+40 0		
	大于 7m	长度每增加 1m 或不足 1m，正偏差增加 5mm。负偏差为 0mm		
脱方度（T）	工字钢	≤2.0%B		
弯曲度	工字钢	≤长度的 0.2%		适用于上下弯曲

4.2.3　欧洲工字钢尺寸偏差

欧洲工字钢尺寸允许偏差（EN 10024：1995）如表4-2-3所示。

表4-2-3　欧洲工字钢尺寸允许偏差

分　类	参　数	范围/mm	偏差/mm
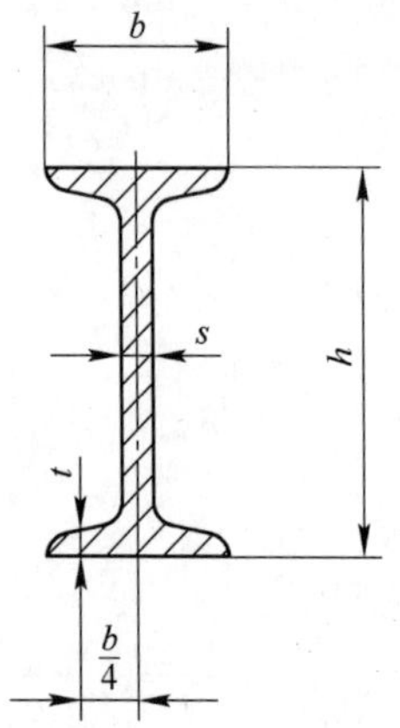	高度 h	$h\leqslant200$	±2.0
		$200<h\leqslant400$	±3.0
		$400<h$	±4.0
	腿高 b	$b\leqslant75$	±1.5
		$75<b\leqslant100$	±2.0
		$100<b\leqslant125$	±2.5
		$125<b$	±3.0
	腰厚 s	$s<7$	+0.5 −1.0
		$7<s\leqslant10$	+0.7 −1.5
		$10<s$	+1.0 −2.0
	腿厚 t	$t\leqslant7$	+1.5 −0.5
		$7<t\leqslant10$	+2.0 −1.0
		$10<t\leqslant20$	+2.5 −1.5
		$20<t$	+2.5 −2.0
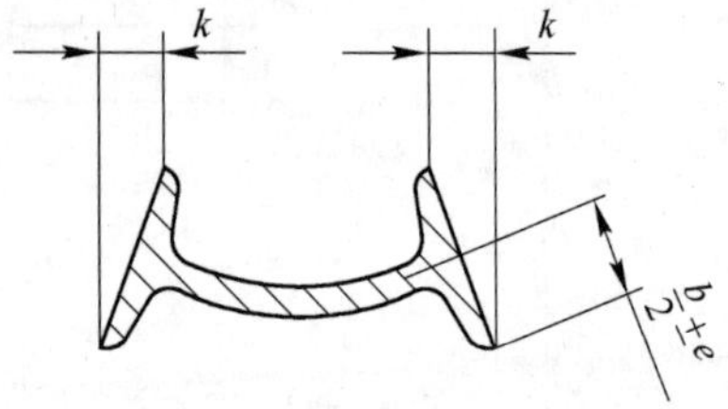	脱方 $k+k'$	$b\leqslant100$	2.0
		$100<b$	2%b
	腰部不正 e	$b\leqslant100$	2.0
		$100<b$	3.0
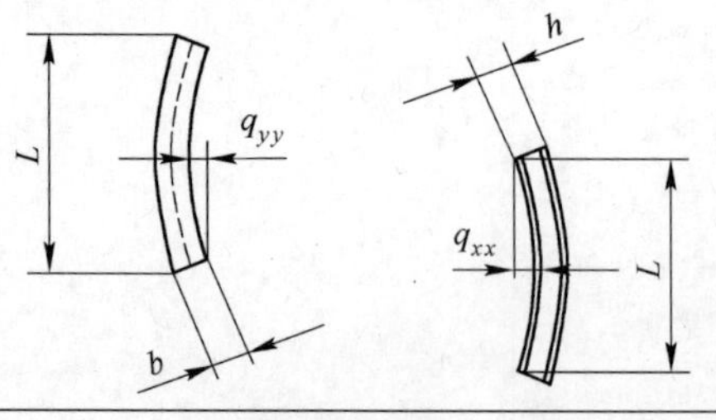	平直度 q_{xx}，q_{yy}	$80<h\leqslant180$	0.3%L
		$180<h\leqslant360$	0.15%L
		$360<h$	0.1%L
每批或每支	重量		±4%
	长度 L		±50（标准） $^{+100}_{0}$（协商）

4.2.4　我国工字钢尺寸偏差

我国工字钢尺寸及外形允许偏差（GB/T 706—2008）如表4-2-4所示。

表4-2-4　我国工字钢尺寸及外形允许偏差　　　　单位：mm

尺　寸		允许偏差	图示及说明
高度 h	<100	±1.5	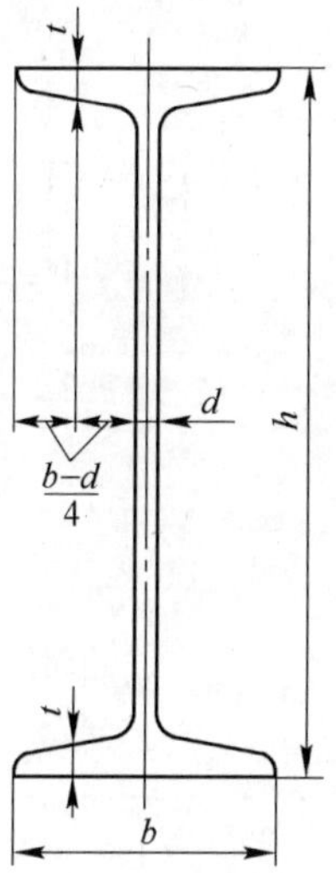
	100～<200	±2.0	
	200～<400	±3.0	
	≥400	±4.0	
腿宽度 b	<100	±1.5	
	100～<150	±2.0	
	150～<200	±2.5	
	200～<300	±3.0	
	300～<400	±3.5	
	≥400	±4.0	
腰厚度 d	<100	±0.4	
	100～<200	±0.5	
	200～<300	±0.7	
	300～<400	±0.8	
	≥400	±0.9	
外缘斜度 T		$T \leqslant 1.5\% b$ $2T \leqslant 2.5\% b$	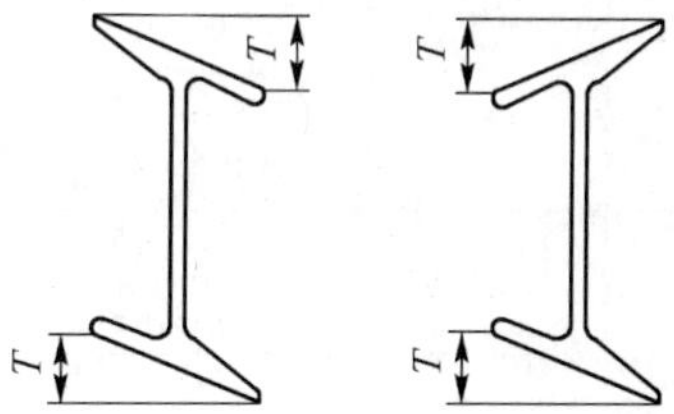
弯腰挠度 W		$W \leqslant 0.15d$	
弯曲度	工字钢	每米弯曲度≤2mm 总弯曲度≤总长度的0.20%	适用于上下、左右大弯曲

4.3 角钢尺寸偏差

4.3.1 美国角钢尺寸偏差

美国角钢尺寸允许偏差（ASTM A6/A6M—2009）如表 4-3-1 所示。

表 4-3-1 角钢（L 型钢）的截面尺寸允许偏差

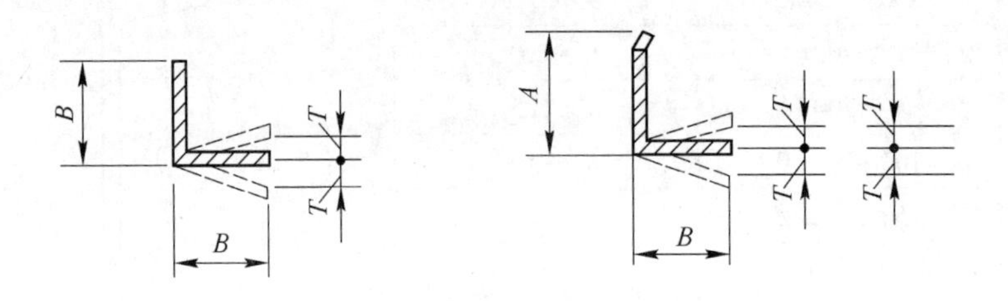

角钢　　　　球头角钢

截面	公称尺寸/mm	对于给定截面尺寸的允许偏差/mm					对于给定厚度的理论厚度允许偏差(±)/mm		
		高度 A		凸缘宽度或腿长 B		脱方度 T②			
		大于理论值	小于理论值	大于理论值	小于理论值		≤3/16in	>3/16 ~ 3/8in	>3/8in
角钢①（L 型钢）	≤25	—	—	1	1	0.026	0.2	0.2	—
	>25 ~ 50	—	—	1	1	0.026	0.2	0.2	0.3
	>50 ~ <75	—	—	2	2	0.026	0.3	0.4	0.4
	75 ~ 100	—	—	3	2	0.026	—	—	—
	>100 ~ 150	—	—	3	3	0.026	—	—	—
	>150	—	—	5	3	0.026	—	—	—

注：表中出现“—”表示无要求。

① 对不等边角钢，按较长边尺寸分级。

② 脱方度 T 的数值是指每 1mm 宽度 B 的脱方度。0.026mm/mm = 1.5°，计算后，允许偏差应修约到毫米。

4.3.2 日本角钢尺寸偏差

日本角钢尺寸允许偏差（JIS 3192—2005）如表4-3-2所示。

表4-3-2 日本角钢截面尺寸允许偏差 单位：mm

<table>
<tr><th colspan="3">尺 寸</th><th>偏 差</th><th>图示及说明</th></tr>
<tr><td rowspan="4">腿长度
A或B</td><td colspan="2"><50</td><td>±1.5</td><td rowspan="19">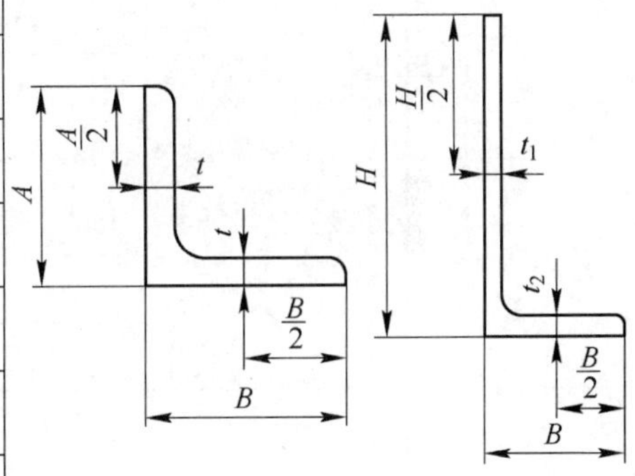
</td></tr>
<tr><td colspan="2">≥50～100</td><td>±2.0</td></tr>
<tr><td colspan="2">≥100～200</td><td>±3.0</td></tr>
<tr><td colspan="2">≥200</td><td>±4.0</td></tr>
<tr><td rowspan="4">高度H</td><td colspan="2"><100</td><td>±1.5</td></tr>
<tr><td colspan="2">≥100～200</td><td>±2.0</td></tr>
<tr><td colspan="2">≥200～400</td><td>±3.0</td></tr>
<tr><td colspan="2">≥400</td><td>±4.0</td></tr>
<tr><td rowspan="9">厚度
t, t_1, t_2</td><td rowspan="4">腿高（A或B）或高度（H）小于130</td><td><6.3</td><td>±0.6</td></tr>
<tr><td>≥6.3～10</td><td>±0.7</td></tr>
<tr><td>≥10～16</td><td>±0.8</td></tr>
<tr><td>≥16</td><td>±1.0</td></tr>
<tr><td rowspan="5">腿高（A或B）或高度（H）不小于130</td><td><6.3</td><td>±0.7</td></tr>
<tr><td>≥6.3～10</td><td>±0.8</td></tr>
<tr><td>≥10～16</td><td>±1.0</td></tr>
<tr><td>≥16～25</td><td>±1.2</td></tr>
<tr><td>≥25</td><td>±1.5</td></tr>
<tr><td rowspan="2">长度</td><td colspan="2">不大于7m</td><td>+40
0</td></tr>
<tr><td colspan="2">大于7m</td><td>长度每增加1m或不足1m，正偏差增加5mm。负偏差为0mm</td></tr>
</table>

续表 4-3-2

尺 寸		偏 差	图示及说明
脱方度 T	角 钢	≤2.5%B	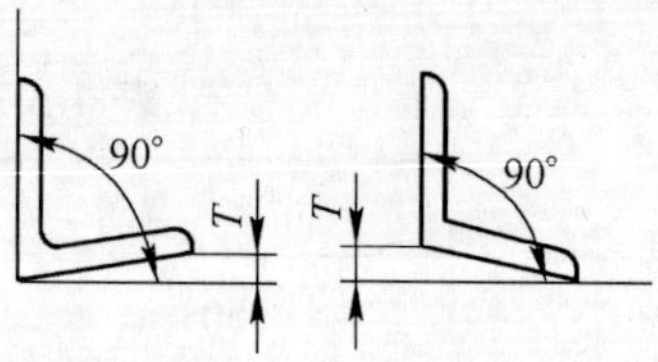 90° T T 90°
弯曲度	角 钢	≤长度的 0.30%	适用于上下弯曲

4.3.3　欧洲角钢尺寸偏差

欧洲角钢尺寸允许偏差（EN 10056-2：1993）如表 4-3-3 所示。

表 4-3-3　欧洲角钢尺寸允许偏差

尺寸（图：Y, t, a, X, X, t, b, Y） 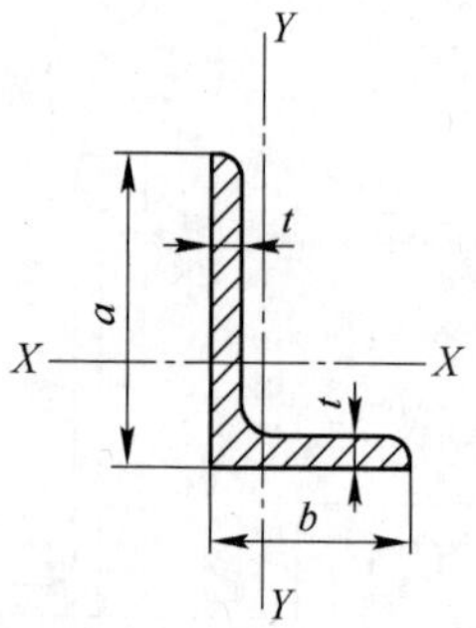	腿 高		厚 度	
	长度 a/mm	偏差/mm	厚度 t/mm	偏差/mm
	a≤50	±1.0	t≤5	±0.50
	50 < a≤100	±2.0	5 < t≤10	±0.75
	100 < a≤150	±3.0	10 < t≤15	±1.00
	150 < a≤200	±4.0	15≤t	±1.20
	200 < a	+6.0		
		−4.0		

脱方（图：偏差 k k 偏差） 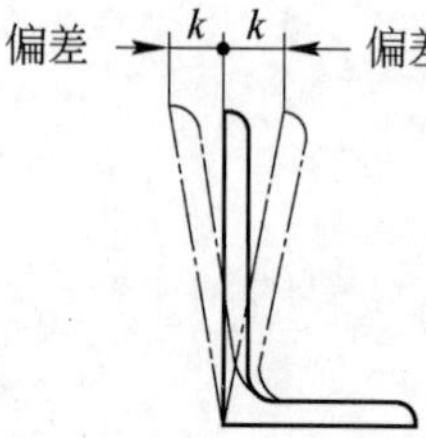	脱 方	偏 差
	腿高 a/mm	k/mm
	a≤100	1.0
	100 < a≤150	1.5
	150 < a≤200	2.0
	200 < a	3.0

平直度（图：L, q） 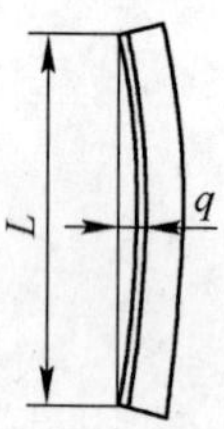	腿高 a/mm	偏差（全长）q/mm	腿高 a/mm	偏差（任意长度）	
				长度/mm	q/mm
	a≤150	0.4%L	a≤150	1500	6
	150 < a≤200	0.2%L	150 < a≤200	2000	3
	200 < a	0.1%L	200 < a	3000	3

4.3.4 我国角钢尺寸偏差

我国角钢尺寸允许偏差（GB/T 706—2008）如表 4-3-4 所示。

表 4-3-4 角钢尺寸允许偏差 单位：mm

<table>
<tr><th colspan="2" rowspan="2">项 目</th><th colspan="2">允许偏差</th><th rowspan="2">图示及说明</th></tr>
<tr><th>等边角钢</th><th>不等边角钢</th></tr>
<tr><td rowspan="5">边宽度①
B，b</td><td>≤56</td><td>±0.8</td><td>±0.8</td><td rowspan="10">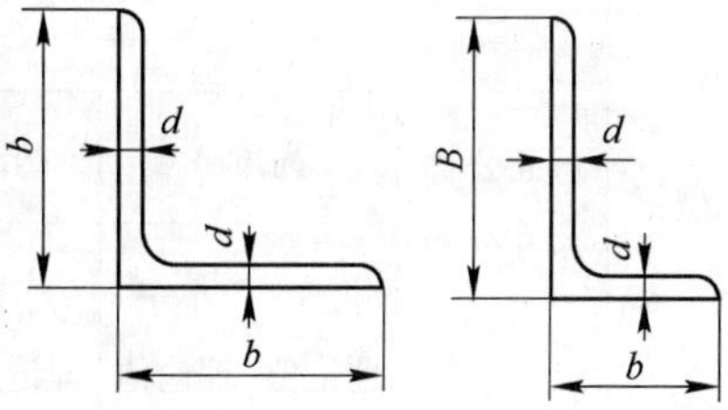
</td></tr>
<tr><td>>56～90</td><td>±1.2</td><td>±1.5</td></tr>
<tr><td>>90～140</td><td>±1.8</td><td>±2.0</td></tr>
<tr><td>>140～200</td><td>±2.5</td><td>±2.5</td></tr>
<tr><td>>200</td><td>±3.5</td><td>±3.5</td></tr>
<tr><td rowspan="5">边厚度①
d</td><td>≤56</td><td colspan="2">±0.4</td></tr>
<tr><td>>56～90</td><td colspan="2">±0.6</td></tr>
<tr><td>>90～140</td><td colspan="2">±0.7</td></tr>
<tr><td>>140～200</td><td colspan="2">±1.0</td></tr>
<tr><td>>200</td><td colspan="2">±1.4</td></tr>
<tr><td colspan="2">顶端直角</td><td colspan="2">α≤50</td><td>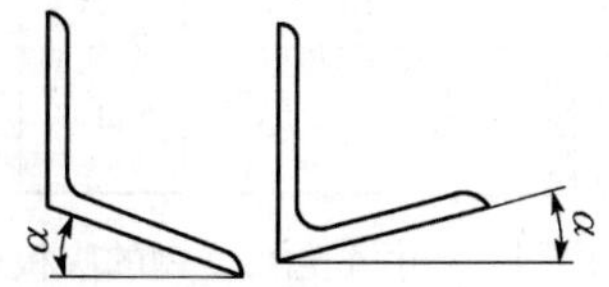
</td></tr>
<tr><td colspan="2">弯曲度</td><td colspan="2">每米弯曲度≤3mm；总弯曲度≤总长度的0.30%</td><td>适用于上下、左右大弯曲</td></tr>
</table>

① 不等边角钢按长边宽度 *B*。

4.4 槽钢尺寸偏差

4.4.1 美国槽钢尺寸偏差

美国槽钢横截面尺寸允许偏差（ASTM A6/A6M—2009）如表 4-4-1 所示。

表 4-4-1　槽钢横截面尺寸允许偏差

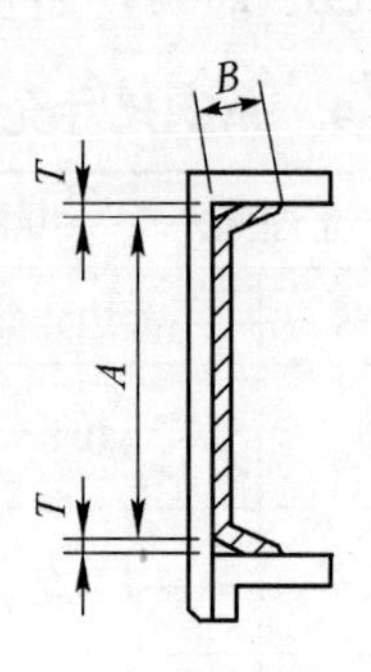

型钢	截面公称尺寸/mm	截面尺寸允许偏差/mm							给定厚度(in)的腹板厚度允许偏差(±)/mm	
		高度 A		凸缘宽度 B		凸缘脱方度[②] $T+T'$[①]	腹板偏离中心 E[③]	超过理论高度的任一截面的最大高度 C		
		大于理论值	小于理论值	大于理论值	小于理论值				≤5in	>5in
C 和 MC	≤40	1	1	1	1	0.03	—	—	0.2	0.4
	>40 ~ <75	2	2	2	2	0.03	—	—	0.4	0.5
	75 ~ 180	3	2	3	3	0.03	—	—	—	—
	>180 ~ 360	3	3	3	4	0.03	—	—	—	—
	>360	5	4	3	5	0.03	—	—		—

注：1. 尺寸 A 为在型钢的腹板后部测量，对于小于 75mm 的型钢测总量。B 为平行于凸缘测量，C 为平行于腹板测量；

2. 表中出现“—”表示无要求。

① 当槽钢凸缘向内或向外倾斜时，用 $T+T'$ 来测量。对于高度小于等于 16mm 的槽钢，允许脱方偏差为高度的 0.05mm/mm。允许偏差应修约到最接近计算值。

② 型钢每 1mm 凸缘宽度允许偏差。

③ 截面大于 634kg/m 的槽钢，最大允许偏差为 8mm。

4.4.2　日本槽钢尺寸偏差

日本槽钢尺寸允许偏差（JIS 3192—2005）如表 4-4-2 所示。

表 4-4-2 槽钢尺寸允许偏差 单位：mm

尺寸			偏差	图示及说明
腿长度 A 或 B	<50		±1.5	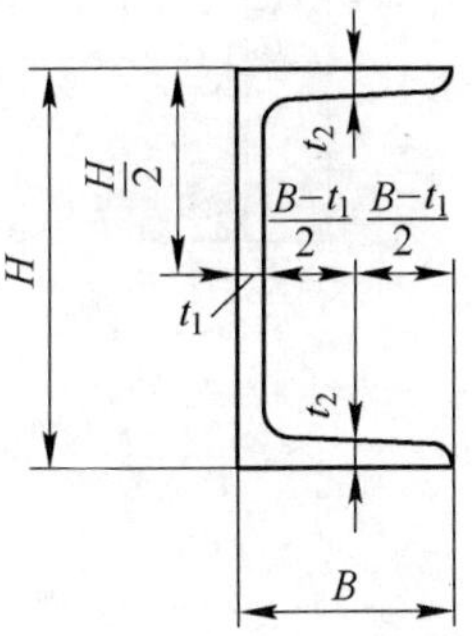
	≥50～100		±2.0	
	≥100～200		±3.0	
	≥200		±4.0	
高度 H	<100		±1.5	
	≥100～200		±2.0	
	≥200～400		±3.0	
	≥400		±4.0	
厚度 t,t_1,t_2	腿高（A 或 B）或高度（H）小于 130	<6.3	±0.6	
		≥6.3～10	±0.7	
		≥10～16	±0.8	
		≥16	±1.0	
	腿高（A 或 B）或高度（H）不小于 130	<6.3	±0.7	
		≥6.3～10	±0.8	
		≥10～16	±1.0	
		≥16～25	±1.2	
		≥25	±1.5	
长度	不大于 7m		+40 0	
	大于 7m		长度每增加 1m 或不足 1m，正偏差增加 5mm。负偏差为 0mm	
脱方度 T	槽钢		≤2.5%B	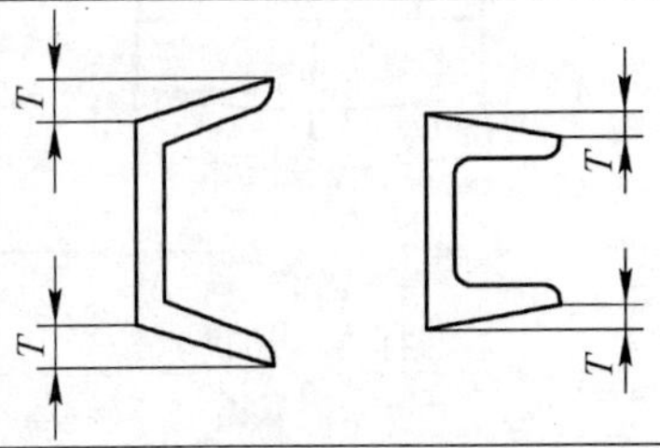
弯曲度	槽钢		≤长度的 0.30%	适用于上下弯曲

4.4.3　欧洲槽钢尺寸偏差

欧洲槽钢尺寸允许偏差(EN 10279：2000)如表4-4-3(平行腿)和表4-4-4(斜腿)所示。

表4-4-3　平行腿槽钢尺寸允许偏差

说　明	参　数	范围/mm	偏差/mm
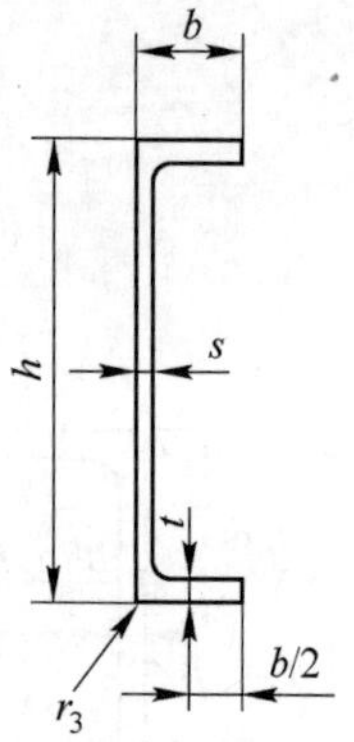	高度 h	$h \leqslant 65$	±1.5
		$65 < h \leqslant 200$	±2.0
		$200 < h \leqslant 400$	±3.0
		$400 < h$	±4.0
	腿高 b	$b \leqslant 50$	±1.5
		$50 < b \leqslant 100$	±2.0
		$100 < b \leqslant 125$	±2.5
		$125 < b$	±3.0
	腰厚 s	$s \leqslant 10$	±0.5
		$10 < s \leqslant 15$	±0.7
		$15 < s$	±1.0
	腿厚 t	$t \leqslant 10$	-0.5①
		$10 < t \leqslant 15$	-1.0①
		$15 < t$	-1.5①
	圆角半径 r_3	所有尺寸	$\leqslant 0.3t$
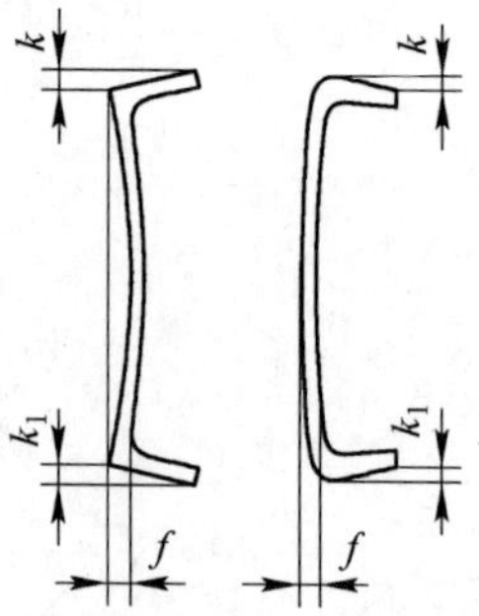	脱方 $k+k_1$	$b \leqslant 100$	2.0
		$100 < b$	2.5%b
	腰部不平度 f	$h \leqslant 100$	±0.5
		$100 < h \leqslant 200$	±1.0
		$200 < h \leqslant 400$	±1.5
		$400 < h$	±1.5
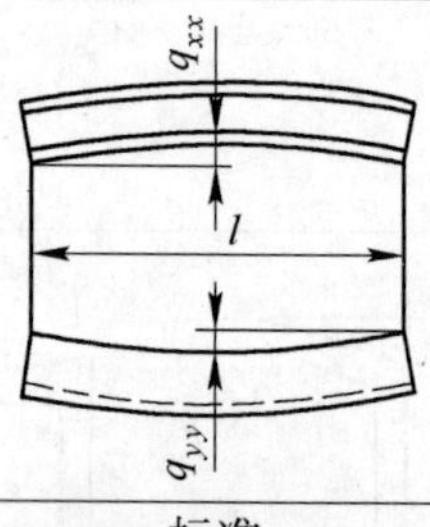	平直度 q_{xx}	$h \leqslant 150$	±0.3%l
		$150 < h \leqslant 300$	±0.2%l
		$300 < h$	±0.15%l
	平直度 q_{yy}	$h \leqslant 150$	±0.5%l
		$150 < h \leqslant 300$	±0.3%l
		$300 < h$	±0.2%l
标准	长度 l	全部	+100　0
非标准（协商）			±50
重　量	kg/m	$h \leqslant 125$	±6%
		$125 < h$	±4%

① 正偏差由重量限定。

表 4-4-4 斜腿槽钢尺寸允许偏差

说 明	参 数	范围/mm	偏差/mm
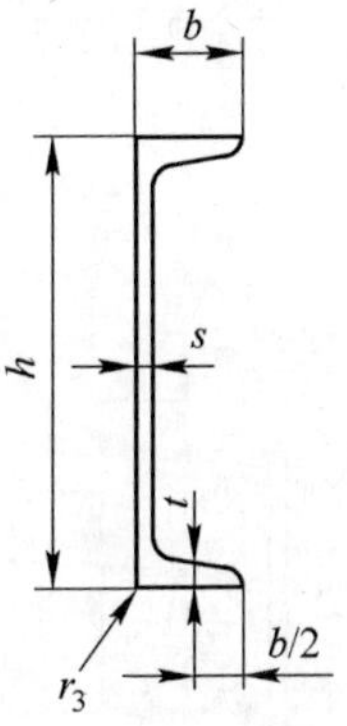	高度 h	$h \leqslant 65$	±1.5
		$65 < h \leqslant 200$	±2.0
		$200 < h \leqslant 400$	±3.0
		$400 < h$	±4.0
	腿高 b	$b \leqslant 50$	±1.5
		$50 < b \leqslant 100$	±2.0
		$100 < b \leqslant 125$	±2.5
		$125 < b$	±3.0
	腰厚 s	$s \leqslant 10$	±0.5
		$10 < s \leqslant 15$	±0.7
		$15 < s$	±1.0
	腿厚 t	$t \leqslant 10$	−0.5①
		$10 < t \leqslant 15$	−1.0①
		$15 < t$	−1.5①
	圆角半径 r_3	所有尺寸	$\leqslant 0.3t$
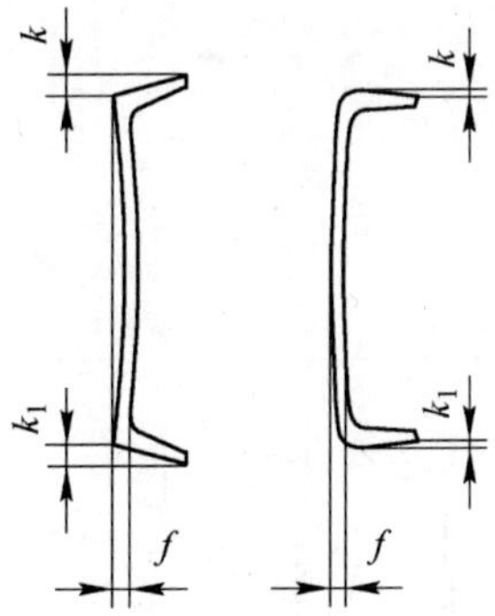	脱方 $k + k_1$	$b \leqslant 100$	2.0
		$100 < b$	2.5%b
	腰部不平度 f	$h \leqslant 100$	±0.5
		$100 < h \leqslant 200$	±1.0
		$200 < h \leqslant 400$	±1.5
		$400 < h$	±1.5
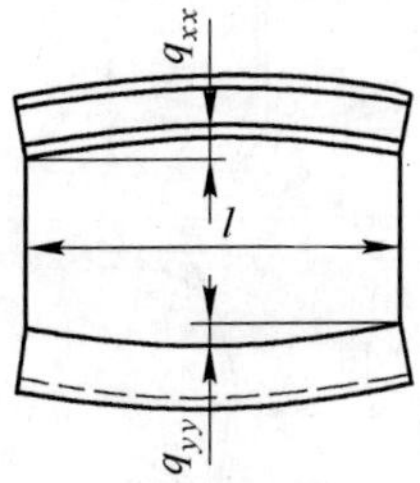	平直度 q_{xx}	$h \leqslant 150$	±0.3%l
		$150 < h \leqslant 300$	±0.2%l
		$300 < h$	±0.15%l
	平直度 q_{yy}	$h \leqslant 150$	±0.5%l
		$150 < h \leqslant 300$	±0.3%l
		$300 < h$	±0.2%l
标准	长度 l	所有尺寸	+100 0
非标准（协商）			±50
重 量	kg/m	$h \leqslant 125$	±6%
		$125 < h$	±4%

① 正偏差由重量限定。

4.4.4　我国槽钢尺寸偏差

我国槽钢尺寸及外形允许偏差（GB/T 706—2008）如表4-4-5所示。

表4-4-5　槽钢尺寸及外形允许偏差　　单位：mm

尺　寸		允许偏差	图示及说明
高度 h	<100	±1.5	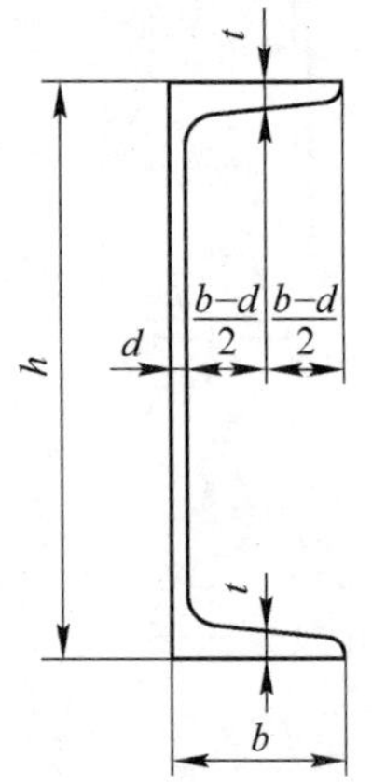
	100 ~ <200	±2.0	
	200 ~ <400	±3.0	
	≥400	±4.0	
腿宽度 b	<100	±1.5	
	100 ~ <150	±2.0	
	150 ~ <200	±2.5	
	200 ~ <300	±3.0	
	300 ~ <400	±3.5	
	≥400	±4.0	
腰厚度 d	<100	±0.4	
	100 ~ <200	±0.5	
	200 ~ <300	±0.7	
	300 ~ <400	±0.8	
	≥400	±0.9	
外缘斜度 T		$T \leqslant 1.5\% b$ $2T \leqslant 2.5\% b$	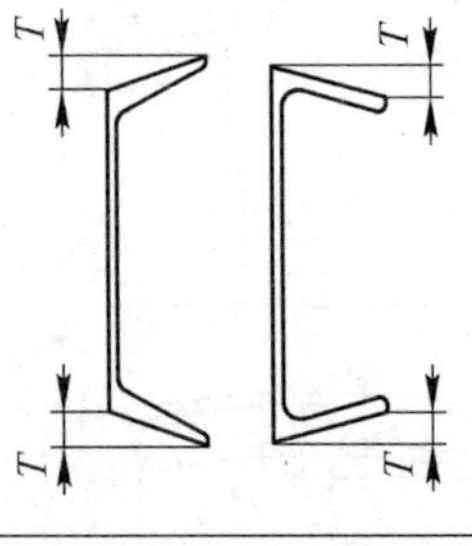
弯腰挠度 W		$W \leqslant 0.15d$	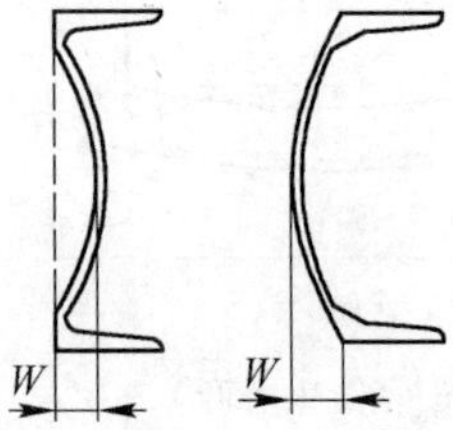
弯曲度	槽　钢	每米弯曲度≤3mm，总弯曲度≤总长度的0.30%	适用于上下、左右大弯曲